服饰文化符号的保护与创新

王瑀◎著

中国纺织出版社有限公司

内 容 提 要

本书共六章，以"服饰文化符号"为核心，从服饰文化的传承与发扬角度切入，系统地探讨了服饰文化符号概述、服饰文化符号的历史沿革、服饰文化符号学解读、服饰审美意蕴、服饰文化符号的保护以及服饰文化符号的创新。

本书不仅是一部学术著作，也是一本面向对服饰文化感兴趣的读者、设计师、文化工作者及相关政策制定者的实用指南，旨在激发社会各界对服饰文化遗产保护与创新的热情与行动，共同推动服饰文化的繁荣发展。

图书在版编目（CIP）数据

服饰文化符号的保护与创新 / 王瑀著. -- 北京：中国纺织出版社有限公司，2025. 9. -- ISBN 978-7-5229-2828-9

Ⅰ. TS941. 12

中国国家版本馆 CIP 数据核字第 2025A7V714 号

责任编辑：郭 沫　责任校对：高 涵　责任印制：王艳丽

中国纺织出版社有限公司出版发行
地址：北京市朝阳区百子湾东里 A407 号楼　邮政编码：100124
销售电话：010—67004422　传真：010—87155801
http://www.c-textilep.com
中国纺织出版社天猫旗舰店
官方微博 http://weibo.com/2119887771
北京华联印刷有限公司印刷　各地新华书店经销
2025 年 9 月第 1 版第 1 次印刷
开本：787×1092　1/16　印张：11.25
字数：222 千字　定价：98.00 元

前 言
PREFACE

　　自古以来，服饰不仅能满足人类遮体保暖的基本需求，更是各民族文化传承与个性表达的重要载体。从祖先披着兽皮树叶以蔽体、保暖，到戴冠冕服显示等级差异，再到如今以服饰来装饰和表达自我精神，中国服饰文化历经数千年演变，承载着深厚的文化内涵和象征意义，成为一种独特的文化符号。而服饰文化符号作为非物质文化遗产的重要组成部分，不仅记录了人类社会的发展历程，也反映了不同地域、民族和时代的审美观念、生活方式和社会风尚。如同一部无声的历史，诉说着过去的故事，也启迪着未来的创新。

　　本书旨在深入探讨服饰文化符号的丰富内涵、历史沿革、保护传承与创新发展，以期为读者呈现一幅服饰文化的全景画卷。在撰写此书的过程中，著者深感服饰文化符号的博大精深与无穷魅力，也深刻认识到保护与创新对于服饰文化传承的重要性。

　　服饰，作为人类文化的外在表现，其背后蕴含着丰富的符号学意义。在第一章"服饰文化符号概述"中，首先引入了符号学的基本概念，将服饰作为一种文化符号进行解读。服饰的款式、色彩、图案、材质等构成要素，都承载着特定的文化信息和社会意义。它们不仅体现了穿着者的身份、地位、性别和年龄，也反映了时代的风尚和民族的特色。同时，还探讨了古代造物思想中的服装设计文化符号，揭示了古代造物理念对服饰造型艺术的影响，以及适度设计在服饰文化中的体现。

　　服饰文化符号的历史沿革，是本书的重点内容之一。在第二章中，我们按照历史发展的脉络，对夏、商、西周、春秋战国至近代的服饰文化符号进行了系统的梳理和解读。从夏代的质朴初现，到商代的华丽繁复；从西周的礼制规范，到春秋战国的百家争鸣；从秦代的雄浑统一，到汉代的博大精深；从魏晋南北朝的多元融合，到隋、唐、五代的开放繁荣；从宋代的文雅内敛，到辽、金、元的民族交融；从明、清的集大成者，再到近代的变革与创新。服饰文化符号见证了中华民族五千多年的文明史，每一时期的服饰，都以其独特的服饰文化符号，诉说着那个时代的风貌和精神。

服饰文化符号的解读，需要我们运用符号学的理论和方法，深入挖掘其背后的文化意义和社会价值。第三章从艺术文化和礼仪文化两个维度，对中国传统服饰的符号学意义进行了深入剖析。服饰图案、色彩和民俗，都是服饰艺术文化符号的重要组成部分，它们共同构成了中国传统服饰的独特魅力。而服饰作为礼仪的载体，更是体现了中国古代社会的等级制度和伦理观念。

服饰审美意蕴是服饰文化符号的重要内涵之一。第四章从传统服饰的纹样、色彩搭配和工艺技巧三个方面，探讨了服饰的审美价值。传统服饰的纹样形态各异、寓意深远，体现了中华民族的审美追求和艺术创造力。而服饰的色彩搭配，更是讲究五行相生相克的传统观念，以及民间用色的独特习俗。工艺技巧方面，无论是面料技术的物质功能美，还是因势造型的缘饰工艺美，都展现了中国传统服饰的精湛技艺和无穷智慧。

然而，随着现代化进程的加速和全球化的深入发展，服饰文化符号面临着前所未有的挑战。第五章探讨了服饰文化符号的保护与传承问题。传统服饰文化遗产是人类文明的瑰宝，也是民族文化的根基。因此，我们必须采取有效措施，加强服饰文化遗产的保护与传承。博物馆展示、现代技术手段的应用等，都是保护服饰文化符号的有效途径。

保护是为了传承，而传承则是为了创新。第六章重点探讨了服饰文化符号的创新问题。传统服饰元素的现代解读与重构、服饰文化符号的创意融合与再创造等，都是创新的重要途径。同时，我们还关注服饰文化符号在当代服装设计中的应用，以及其在乡村振兴战略中的创新实践。

本书是一部关于服饰文化的综合性著作，涵盖了服饰文化符号的多个方面，旨在为读者提供一个全面、深入的服饰文化视角。希望这本书能够激发更多人对服饰文化的兴趣和热爱，共同推动服饰文化的保护与创新发展。由于笔者水平有限，书中难免存在不足之处，望广大读者批评指教！

著者

2025 年 1 月

目 录
C O N T E N T S

第一章　服饰文化符号概述 ·· **001**

第一节　服饰文化符号学理论 ································002

一、符号学的基本概念与服饰文化符号 ··············002

二、服饰文化符号的构成要素 ·························002

三、服饰文化符号的功能与作用 ·····················004

四、服饰文化符号的社会背景与变迁 ·················004

第二节　古代造物思想中的服装文化符号 ·················005

一、古代造物思想溯源 ·······························005

二、古代核心造物思想 ·······························006

三、古代造物思想下的服饰造型艺术 ·················010

四、古代造物思想下服饰的适度设计 ·················011

第二章　服饰文化符号的历史沿革 ·····················**015**

第一节　夏、商、西周、春秋战国时期 ·················016

一、夏代服饰文化符号解读 ···························016

二、商代服饰文化符号解读 ···························018

三、西周服饰文化符号解读 ···························019

四、春秋战国时期服饰文化符号解读 ·················024

第二节　秦、汉、魏晋南北朝时期 …………………………026

　　一、秦代服饰文化符号解读 ………………………… 026

　　二、汉代服饰文化符号解读 ………………………… 030

　　三、魏晋南北朝时期服饰文化符号解读 …………… 042

第三节　隋、唐、五代时期 …………………………………052

　　一、隋代服饰文化符号解读 ………………………… 052

　　二、唐代服饰文化符号解读 ………………………… 054

　　三、五代时期服饰文化符号解读 …………………… 063

第四节　宋、辽、金、元时期 ………………………………064

　　一、宋代服饰文化符号解读 ………………………… 064

　　二、辽、金、元服饰文化符号解读 ………………… 077

第五节　明、清时期 …………………………………………082

　　一、明代服饰文化符号解读 ………………………… 082

　　二、清代服饰文化符号解读 ………………………… 090

第六节　近代 ……………………………………………… 106

　　一、近代服饰文化变革 ……………………………… 106

　　二、男女服饰特色 …………………………………… 107

第三章　服饰文化符号学解读 ……………………………… **109**

第一节　中国传统服饰的艺术文化符号 ………………… 110

　　一、服饰图案的符号学解读 ………………………… 110

　　二、服饰色彩的符号学解读 ………………………… 114

　　三、服饰民俗的符号学解读 ………………………… 117

第二节　中国传统服饰的礼仪文化符号 ………………… 120

　　一、中国传统服饰礼制 ……………………………… 121

　　二、人生礼仪服饰 …………………………………… 125

　　三、岁时节日服饰 …………………………………… 126

第四章 服饰审美意蕴 ················· **131**

第一节 传统服饰纹样之美 ·················· 132

一、传统服饰纹样中形态美的体现 ·········· 132

二、传统服饰纹样美学特征的表达 ·········· 133

第二节 传统服饰色彩搭配 ················· 135

一、传统五色观的功能色彩美 ············· 135

二、民间服饰体现的用色观念 ············· 136

第三节 传统服饰中的工艺技巧 ············· 138

一、面料技术的物质功能美 ··············· 138

二、因势造型的缘饰工艺美 ··············· 139

第五章 服饰文化符号的保护 ··········· **141**

第一节 服饰遗产保护与传承 ·············· 142

一、传统服饰文化遗产的价值 ············· 142

二、服饰文化遗产保护与传承的意义 ········· 142

三、中国非遗服饰文化遗产面临的境遇与挑战 ····· 143

四、中国非遗服饰文化遗产保护与传承的路径 ····· 145

第二节 基于博物馆展示的保护与传承 ········· 148

一、国内服饰图书馆概况 ················ 149

二、服饰博物馆实体展示形式 ············· 150

三、服饰博物馆数字化展示形式 ············ 154

四、服饰博物馆交互式展示 ··············· 155

第三节 基于现代技术手段的保护与传承 ········ 159

一、数字化技术 ···················· 159

二、环境监测与修复技术 ················ 160

三、传统服饰色彩的智能提取技术 ·········· 160

第六章　服饰文化符号的创新 ……………………………… **163**

第一节　服饰文化符号的创新设计 …………………………164

一、传统服饰元素的现代解读与重构 ………………… 164

二、服饰文化符号的创意融合与再创造 ……………… 167

第二节　服饰文化符号在乡村振兴战略中的创新应用 ·····168

一、民族服饰元素的借鉴与创新 ……………………… 168

二、非遗服饰文化的传承与融合创新 ………………… 170

参考文献 ……………………………………………… **172**

第一章 服饰文化符号概述

第一节 服饰文化符号学理论

一、符号学的基本概念与服饰文化符号

符号学作为一门研究符号及其在文化、语言和社会中的意义和功能的学科，其历史可以追溯到19世纪末、20世纪初。费迪南·德·索绪尔和查尔斯·桑德斯·皮尔斯等学者为符号学奠定了基础，他们认为符号是任何可以被理解为代表其他事物的事物。罗兰·巴特的《符号学原理》问世标志着符号学的建立，他将语言学的理念扩展到符号学概念，源于人类与文化的互动方式，并由此建立如文学、绘画、音乐以及工艺品、家具、服饰等一切文化现象，都是由符号组成的人类特有的符号系统。巴特认为，"每种符号都有两个层面的意义，即能指和所指。能指是物体呈现出的符号表现形式，即符号表现或符号形式，这个层面表现了符号的可感知面；所指是符号抽象的内容层面，这一层面是抽象的、不可直接感知的，故又被称为符号意义。能指和所指结合在一起的过程即为意指作用，符号意义也随即产生。"

从符号学角度来看，一些社会文化"沉积"在服饰上形成符号化特征，在实践生活中逐渐演变为文明的特征，从一种技艺逐渐上升为人们观念中的象征和社会组织中的符号，被赋予礼制、宗法、伦理、审美等社会含义和精神意蕴。这些观念通过象征符号通过服饰代代相传，成为人与人沟通交流的一种途径，绵延传续。

图1-1 中国传统服饰中的龙、凤、花卉图案

二、服饰文化符号的构成要素

服饰文化符号的构成可以从多个维度进行分析，每个维度都承载着特定的文化意义和社会信息。

（一）图案

服饰的图案是其文化符号的重要组成部分。不同的图案往往与特定的文化、历史和社会背景相关联。例如，中国传统服饰中的龙、凤、花卉等图案，象征着权力、吉祥和繁荣（图1-1）。图案的符号学解读需

要深入到文化的历史脉络中，理解其背后的神话传说、宗教信仰和社会价值观。

（二）色彩

色彩在服饰中具有重要的象征意义。不同的颜色在不同文化中可能代表不同的情感和价值观。红色在中国传统文化中通常象征着喜庆和好运，而在某些西方文化中，红色可能与激情和危险相关。色彩的符号学解读需要考虑色彩在特定文化中的历史和文化传统，以及色彩在社会和个人层面的象征意义。

（三）款式

服饰的款式反映了社会的审美标准和文化价值。传统服饰的款式往往与社会地位、性别和年龄等因素密切相关。中国古代的官服和民服在款式和颜色上有着严格的规定，以体现社会等级。因此，款式的符号学解读需要分析服饰款式在特定时期如何反映和塑造社会身份和文化认同。

（四）材质

服饰的材质不仅影响其外观和舒适度，还承载着特定的文化意义。丝绸（图1-2）、棉麻（图1-3）、羊毛（图1-4）等不同材质的服饰在不同文化中有着不同的象征意义和使用场合。材质的符号学解读需要探讨材质如何与特定的社会阶层、文化传统和审美观念相联系。

图1-2 丝绸

图1-3 棉麻

图1-4 清代赫章彝族羊毛帽（藏于贵州省民族博物馆）

三、服饰文化符号的功能与作用

服饰文化符号在社会中发挥着多重功能，这些功能不仅体现在个体层面，也体现在社会层面和文化层面。

（一）身份认同

服饰是个体身份的重要标识。通过穿着特定的服饰风格和符号，个体可以表达自己的社会身份、文化背景和个人品位。例如，某些职业制服不仅具有功能性，还传递了对职业身份的认同。服饰作为身份认同的符号，可以帮助个体在社会中找到归属感和认同感。

（二）文化传承

服饰作为文化符号的载体，承载着丰富的历史和文化信息。通过对传统服饰的保护和传承，服饰文化得以延续和发展。例如，民族服饰的保留和使用不仅是对传统文化的尊重，也是对文化多样性的维护。服饰的文化传承功能强调了服饰在保持文化发展连续性中的重要作用。

（三）社会交流

服饰在社交场合中起到重要的交流作用。人们通过服饰传递情感、态度和价值观。例如，在婚礼、节庆等重要场合，特定的服饰能够增强仪式感和文化认同。服饰的社会交流功能体现了服饰在社会互动中的象征性和沟通性。

（四）审美表达

服饰不仅是功能性的物品，更是艺术和审美的表现。设计师通过对服饰的设计和创新，表达个人的艺术理念和审美追求。现代时尚界的多样化和个性化发展趋势，体现了服饰作为审美符号的丰富性。服饰的审美表达功能强调了服饰在满足个体审美需求和创造社会审美趋势中的作用。

四、服饰文化符号的社会背景与变迁

服饰文化符号的意义和功能受到社会背景的影响。不同的历史时期、文化环境和社会结构，都会对服饰的符号意义产生影响。例如，在封建社会，服饰的颜色和款式往往受到严格的等级制度限制，对于区分尊卑者的社会伦理起着重要作用。同时，服饰作为一种表征文明的符号，它以其形象性特征彰显不同地域文化的风土人情，从而形成了形态各异的民俗文化符号。而在现代社会，个体的自由选择和个性表达成为服饰文化的重要特征。

此外，全球化和信息化的进程加速也对服饰文化符号的传播和变迁产生了深远影响。

随着文化的交融与碰撞，传统服饰符号在现代社会中不断被重新解读和创新，形成了新的文化语境。全球化不仅带来了服饰文化的交流和融合，也带来了对服饰文化符号的重新认识和评价。

第二节　古代造物思想中的服装文化符号

中国古代造物思想反映的是一种生活方式，源于先哲与先民对宇宙、生命一体化的思维模式，以约定俗成的意象图形唤起人们内心对生存、繁衍、情感等需要的集体潜意识，形成了一种独特的象征艺术。这种艺术形式含蓄而深刻，体现了东方文化特征和中华民族内敛的民族精神。服饰作为一种物质文化的存在，在历史演进中逐渐演变为一种文明的象征，从单纯的技艺逐渐上升到人们观念中的象征和社会组织的符号。

一、古代造物思想溯源

中国古代造物思想源远流长，远溯至先秦时期，记载于先秦诸子百家的哲学著作之中。老子所谓道指的是自然，而人的行为取之于道，即自然，也就是自然规律。老子认为，工艺造物的本质和价值应该在于维护自然淳朴的作风，即"朴素而天下莫能与之争美"。庄子善于运用比喻、寓言来阐明事理，在《庄子杂篇·天下》中说："君子不为苛察，不以身假物"，指出物为人所用，"物物而不物于物"强调在造物过程中人的主观能动性的重要性，代表古人对于造物和设计的认知与经验。孔子认为，天主宰着人间的一切生死祸福，自然界的变化和万物的生灭。孔子所指的天是一种自然的规律和法则，这种规律和法则主宰着自然和人间的一切变化。孔子谈到了"文"与"质"的矛盾统一关系，以"文质彬彬"为最佳效果，即实用性与审美的相互统一。审美装饰与功能实用之间的关系由墨子首次提出，并提出"致用利人"的造物观点，认为器物被制造出来的目的是为人服务，反对过度装饰器物的行为。

然而最直接的造物理念却出自《考工记》。《考工记》成书于春秋末年，是齐国人记录手工技术的官书。《考工记》虽然是先秦时代工艺技术发展的总结，但却确定了一些基本的工艺造物原则和价值观，为中国封建社会的工艺造物发展奠定了基础。《考工记》中提出的"制器尚象"造物思想，体现了实事求是的设计思想，强调尊重自然、注重科学，而后的"器完不饰""审曲面势"则强调造物过程中实用与审美相结合，二者之间互融互通，且能转化与统一，最终上升到"以天合天""天人合一"的高度。

秦汉时期，先哲们开始深入探讨宇宙与人、系统与自然的整体关系，以及

"技""器""道"之间的内在联系。董仲舒提出的"天人之际，合而为一"的哲学命题，强调人与自然的和谐统一，对造物思想产生了深远影响。淮南子则进一步诠释了造物与自然之间的关系，提出了"器以载道"的观点，丰富了古代造物思想的理论内涵。

北宋时期，沈括在其著作《梦溪笔谈》中对古代造物思想进行了系统的梳理与总结。他详细记载了古代高超的造物工艺和技术，如活字印刷术等，展现了宋代造物思想的高度发达。同时，沈括还强调造物应尊重自然规律，注重实用与审美的结合，这些观点对后世造物思想的发展产生了重要影响。

明清时期，古代造物思想达到新高度。这一时期，不仅有宋应星所著《天工开物》对古代各项技术进行了全面的梳理与总结，展现了天、地、人和谐统一的系统观和整体观；还有明代文震亨的《长物志》等著作对古代造物思想进行深入的探讨和传承。值得一提的是，明末清初的文学家、戏曲理论家和造物活动家李渔，他的造物思想在继承前人的基础上又有独特的创新。李渔所著《闲情偶寄》是其一生生活美学和造物艺术的总结。他强调造物应"贵精不贵丽，贵新奇大雅，不贵纤巧烂漫"，主张器物设计应既实用又美观，且富有新意。李渔还注重创新，反对仿古和雷同，他的造物思想体现了对事物本性的尊重和对人与自然和谐统一的追求。李渔的造物思想不仅在当时独树一帜，对后世造物艺术的发展也产生了深远影响。

二、古代核心造物思想

（一）道法自然

1. 道法自然——天人合一

"道法自然"源自《老子》第二十五章，老子提出"有物混成……吾不知其名，字之曰'道'"，这里的"道"是宇宙万物的根源和变化规律，它先于天地万物而存在，超越了感官的界限，是一种无始无终的状态。老子进一步阐述了"道"与自然的关系："人法地，地法天，天法道，道法自然。"这里的"自然"指的是自然的过程、表现与存在，强调了万物应遵循自然法则，各得其所。道不主宰自然，而是让万物自然发展，体现了一种对自然规律的尊重和顺应。

"天人合一"则是中国古代哲学中另一个重要的思想，它主张人与自然的和谐统一，强调人与自然的辩证统一关系。这一思想最早见于北宋张载的《正蒙·乾称上》："儒者则因明致诚，因诚致明，故天人合一。"《周易》中也有类似的表述："大哉乾元，万物资始，乃统天。"西汉董仲舒在《春秋繁露·深察名号》中也强调了"天人之际，合而为一"的观点，认为人类的行为活动，包括服饰制作，都应效法自然。

2. 物我两忘——忘适之适

在中国古代造物思想的长河中，庄子的哲学思想以其独特的魅力和深邃的影响，为后世的服饰文化提供了丰富的精神资源。庄子的"物我两忘"与"忘适之适"不仅是对个体与自然和谐相处的哲学追求，也是对服饰设计与穿着体验的深刻启示。

庄子在其著作中多次提及"忘"字，其含义远超现代汉语中的"不记得"或"遗漏"。在《说文解字》中，"忘"被解释为"不识也"，而在陶渊明的《桃花源记》中，"忘路之远近"则被理解为"不记事也"。庄子进一步将"忘"的概念深化，如在《庄子·达生篇》中提到的"气下而不上，则使人善忘"，暗示了善忘可能是生病的一种症状；而在《庄子·大宗师》中描述的"回坐忘"，则是一种达到逍遥自在的精神状态。

特别是在《庄子·外篇·达生》中关于鞋与脚的寓言，"忘足，履之适也"，表面上看似描述鞋子的舒适性，使人忘记了脚的存在，实则深刻表达了一种超然的自适状态。这种状态不仅是对服饰舒适性的追求，更是对服饰与穿着者之间和谐关系的哲学思考。物我两忘，即忘却物我之分，不分彼我，达到一种忘我的和谐状态。

（二）文质彬彬

1. 技以载道——文质彬彬

孔子在《论语·雍也》中提出了"质胜文则野，文胜质则史，文质彬彬，然后君子"的理念，这一思想深刻地影响了后世对于造物活动中"文"与"质"关系的理解和实践。在这里，"质"代表了事物的本质与内在，涉及伦理、道德等物质属性，而"文"则通"纹"，指向形式与修饰，强调外在的形式美。孔子主张"文质彬彬"，即实用与审美的完美结合，反对偏重任何一方的片面思想，提倡全局观，强调内容与形式的和谐统一。

"文质彬彬"的思想不仅阐释了适度设计的观念，也体现了古人对艺术与技术关系的认识，为造物活动提供了有力的哲学依据。在现代造物设计中，可以将"文"与"质"的关系理解为"功能与审美"的关系。一个器物首先需要具备使用功能，在满足使用功能的基础上追求审美的满足，这样的设计既符合道德理性规范，又顺应人的感性需求，实现了造物功能与审美的协调统一。

2. 器道相存——互渗共融

《易经·系辞上》中提到"形而上者谓之道，形而下者谓之器"，这一区分揭示了中国古代哲学中对无形与有形的深刻理解。孔颖达进一步阐释："道是无体之名，形是有质之称。道在形之上，形在道之下。故自形外以上者谓之道也，自形内而下者谓之器也。"朱熹则强调："凡有形有象者即器也，所以为是器之理者则道也"。即认为道与器是不可分割的，道是器存在的基础，器是道的体现。这种思想强调了无形的道与有形的器之间的密切联系。

在设计领域，尤其是服饰设计中，"道"不仅指设计思想，也指器物所承载的精神文化内涵。上乘的设计作品不仅要体现"以人为本"的理念，还要深刻反映文化和精神价值。这里的"道"具有双重含义：一是指导造物的设计思想，二是器物所承载的精神文化内涵。道与器构成了一个不可分割的整体，对器物的研究有助于深入理解道的观念，并促进文化的传播。

中国传统造物设计中的"器以载道"思想，不仅体现了古人对形式美的追求，更强调了伦理道德的重要性。通过有形的器物，人们试图把握无形的道理内核，实现主客体的高度统一。这种思想强调了器与道的辩证统一关系，即两者相互联系、相辅相成、相互促进。

（三）备物致用

1. 重己役物——致用利人

自古以来，人们对待器物的基本态度是"用物而不为物累"，即器物应当为人所用，而非人被器物所制。《尚书·周书·旅獒》中提道："不役耳目，百度惟真。玩人丧德，玩物丧志。"这表明，过分沉迷于物会导致人的异化，丧失自我心志。因此，应当以"不贵异物贱用物"的态度对待器物，强调器物的实用性而非其作为财富的象征。

人是物的主宰，应当注重人本身——"重己"。器物的价值在于其功用，而非器物本身——"役物"。所有器物的功用目的都是为了更有利于人的生活——"致用利人"。这一观点在道家著作中得到进一步阐述，主张"不以身假物""不与物交"，以达到"无物累"的境界。

道家思想中，人与物的关系被描述为"物而不物，故能物物"，即不被物所束缚，才能更好地利用物。这种思想强调了人对物的超然态度，以及物的辅助性角色，旨在避免物对人的过度影响。

墨子，作为具有工匠背景的思想家，对器物与人生活的关系有着深刻的见解。在《墨子·非乐》中，他提出："仁之事者，必务求兴天下之利，除天下之害。"这一观点强调了器物的实用价值，即只有当器物对人有利时，才应当被创造和使用。

管子、韩非子等诸子百家的思想中也体现了类似的观念。《管子·王辅第十》中提到："古之良工，不劳其智以为玩好，是故无用之物，宋法者不生。"这表明，古代工匠不将智慧用于创造无用的玩物，而是致力于创造有益于人的物品。

这些造物思想在人与物的关系上高度一致，强调人要发挥主观能动性掌握客观规律，利用工具改造物质世界，不被物欲所驱使，强调人性化设计，以人为本，尊重人在造物活动中的主体地位。

2. 备物致用——节用利民

备物致用出自《易·系辞》"备物致用，立成器以为天下利"，这是人类祖先朴素的利物思想，即器物存在的目的在于能被利用，产生功利价值，也就是实用主义的理念。所谓利用是成器之道中实用为准的美学标准，至今仍然被广泛认可，现代功能主义设计便是以实用功能性为设计之本。

墨子的造物观坚持器物制作要利于天下之民，《墨子·辞过》中提到："其为舟车也，可以任重道远，其为用财少而为利多"，这一原则与现代主义设计强调的"功能第一原则"不谋而合。墨子反对为上流阶层专属造物，这一立场体现了其超前的人本主义精神，倡导的是一种普遍适用、公平分配的造物观念。

孟子提倡节用、利民的手工业发展模式，在节材、利民等方面体现出"兼爱"思想，这与现代主义设计的大众化、民主化方针相契合。在当今资源有限、环境挑战日益严峻的背景下，墨子的节用意识更显前瞻性与现实意义。它启示我们在服饰文化的设计与创新过程中，不仅要传承与发扬传统美学，更要融入绿色设计、循环经济等现代理念，使服饰成为传递文化自信、促进生态和谐的载体。

（四）格物致知

1. 造物在宜——统体兼尽

李渔强调审美价值的核心在于适用性，倡导以灵活多变的设计思维顺应自然法则，并在尊重自然的基础上进行富有创意的改造。他主张"造物在宜"，即在服饰的制作中追求与人体相称、功能适用和审美适宜的和谐统一，以达到"天巧人工，俱能所用"的自由境界。

服饰的尺寸设计应以人的尺寸为参照，比例适度。服饰的宽度与长度应与人的身体尺寸相匹配，既不失舒适度，也不失美观。这种设计理念体现以人为本的关怀和为人服务的造物根本。

功能之宜强调服饰的实用性，这一原则要求设计师在创作过程中，将服饰的适用性放在首位，确保服饰既实用又舒适，满足人们在不同场合和季节的需求。

审美之宜要求服饰制作重精不重丽，避免过多华丽装饰，提倡精简造物，节约成本。形式应服务于功能，将审美必须服务适用上升为自觉意识。这种审美观强调形式美与实用性的结合，发掘服饰背后深层的造物理念和精神信仰。

2. 性之本然——顺物自然

在道家哲学中，道生万物，赋予万物以"德"，此"德"等同于"性"，即各自的秉性。《庄子·马蹄》中提到："故纯朴不残，孰为牺尊""白玉不毁，孰为珪璋？"这些话语蕴含着深刻的造物思想，倡导人们根据实际需求对自然界进行适度改造，以期得到自己所需的器物，同时强调顺物自然、返璞归真的设计理念。

庄子认为，在改造器物时，人应顺应物之自然本性，即在尊重材料原有特质的基础上，巧妙利用其天然形态与属性，既不被繁复的礼制所束缚，也不应因技术进步而贪婪地剥削自然，导致生态失衡。这种"顺物自然"的造物观念，对现代服饰设计具有重要的启示意义，要求设计师在创作过程中，不仅要追求服饰的美观和实用性，还要考虑服饰与自然环境的和谐共生。

三、古代造物思想下的服饰造型艺术

古代造物思想作为中华文化宝库中的瑰宝，深深影响着各个艺术领域，其中服饰造型艺术便是其重要体现之一。在古代，人们不仅追求服饰的实用功能，更注重其蕴含的文化意义和审美价值。

（一）"师法自然"的具象表现

"师法自然"是古代造物思想中的核心理念之一，它强调人与自然和谐共生，主张从大自然中汲取灵感，将自然之美融入人造物品之中。在服饰造型艺术中，这一理念得到了淋漓尽致的展现。

古代服饰的设计，往往取材于自然界的万物生灵。例如，衣物上的图案，常见的有花鸟鱼虫、山水云雾等（图1-5），这些图案不仅起到装饰作用，更寄托了人们对自然的敬畏和向往。在色彩运用上，古代服饰也力求与自然色彩相协调，如春日的嫩绿、夏日的鲜艳、秋日的金黄、冬日的素白，都体现了人与自然色彩的和谐统一。

此外，服饰的剪裁和款式也常常模仿自然界的形态。例如，清代袍服（图1-6），其宽松飘逸的设计，仿佛是大自然中风的轻拂；而女性的裙装，其流线型的剪裁，则宛如溪流的蜿蜒曲折。这些设计不仅使服饰更加贴合人体，更赋予了服饰以生命力和灵动感。

"师法自然"的具象表现，使古代服饰造型艺术充满了生机与活力，展现了人与自然和谐共处的美好愿景。

图1-5 服饰上的花鸟鱼虫、山水云雾

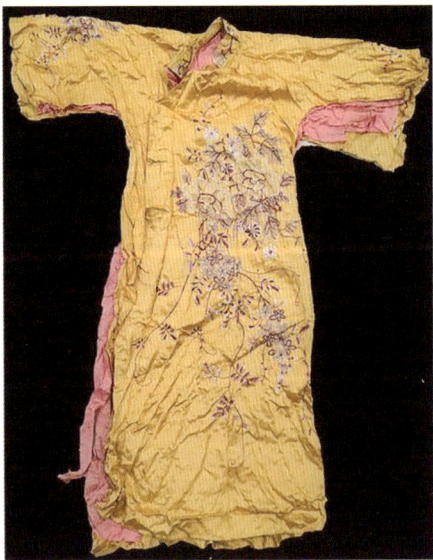

图1-6 清代纯手工女袍服

（二）"以天合天"的抽象表现

"以天合天"是古代造物思想中的另一重要理念，它强调人造物品应与天地万物相协调，达到一种天人合一的境界。在服饰造型艺术中，这一理念则通过抽象的表现手法来体现。

古代服饰在设计中，往往注重整体与局部的和谐统一，以及服饰与人体、环境的协调融合。古代的礼服，其设计严谨而庄重，既体现了穿着者的身份地位，又与祭祀、庆典等场合的氛围相契合。在服饰的装饰上，也常运用抽象的图案和符号。例如，云纹是中国传统纹样中最常见、最具代表性的纹样之一，在传统纹饰中占据重要的地位。丝绸上面的云纹始于商周时期的云雷纹，至战国时期普遍见于一些丝绸刺绣纹样；秦汉时期，云纹有了更多的样式，出现了卷云纹、羽状云纹等造型，多灵动飘逸，饱含浪漫气息；魏晋南北朝时期，出现了飘带云纹；到唐宋时创造出了灵芝云纹和如意云纹；元代云纹大致承沿前代，但单独用在服装上的情况比唐宋时期普遍；明代以后，四合如意云纹（图1-7）成了最典型的丝绸纹样。

"以天合天"的理念还体现在服饰的材质和工艺上。古代人们善于利用天然材料，如丝、麻、棉等，通过精湛的技艺将其织造成华美的服饰。这些服饰不仅舒适耐用，更与天地自然的韵律相呼应，体现了人与自然和谐共生。

"以天合天"的抽象表现，使古代服饰造型艺术达到了一种超越物质层面的精神境界，展现了人与自然、人与社会、人与自我之间的和谐统一。

图 1-7 四合如意云纹

四、古代造物思想下服饰的适度设计

在古代中国，造物思想不仅体现在对自然万物的敬畏与模仿上，更体现在对人造物品适度设计的追求上。服饰作为人类生活的基本需求之一，其设计与制作自然也深受古代造物思想的影响。在古代造物思想的指引下，服饰设计既注重功能性，又强调适度性，既追求工艺精湛，又倡导节用适用。

（一）功能之上的尺度惟宜

在古代，服饰的设计首先以满足人们的基本生活需求为出发点，即"功能之上"。这种功能不仅限于遮体保暖，还涵盖了身份标识、礼仪规范等多个方面。而"尺度惟宜"则强调在设计服饰时，要根据实际需求，做到既不过度也不欠缺，达到一种适度的平衡。

以汉代窄袖深衣（图1-8）为例，这是一种上下连属的服饰，其设计充分考虑了人体的活动需求和气候变化。深衣的衣袖宽大，便于人们进行各种日常活动；衣长适中，既能够遮盖身体，又不会过于累赘。在材质选择上，深衣多采用透气性好、保暖性能佳的天然纤维，如麻、丝等，以适应不同季节的气候变化。这种设计既满足了人们的基本生活需求，又体现了古代人们对服饰功能性的深刻理解。

再如古代铠甲（图1-9），其设计更是将功能与尺度完美结合。铠甲的主要功能是保护战士在战斗中的安全，因此其材质选择、结构设计和装饰细节都围绕着这一功能展开。铠甲的材质多为坚硬的金属或皮革，能够有效抵御刀剑等兵器的攻击；其结构设计则充分考虑了人体的活动范围和战斗动作，确保战士在战斗中能够灵活自如；而铠甲上的装饰细节，如纹样、色彩等，则既体现了战士的英勇和威严，又没有过度堆砌，保持了整体的简洁和实用。

在古代服饰设计中，功能之上的尺度惟宜原则还体现在对服饰配件的考量上。例如，古代的腰带，其不仅用于固定衣物，还常常作为身份和地位的象征，腰带的材质、宽度、装饰等都根据佩戴者的身份和场合来定制，既体现了礼仪规范，又满足了实际使用的需求。

图1-8 汉代窄袖深衣

图1-9 西汉中山靖王刘胜的铠甲

（二）工艺之上的节用适用

古代中国的服饰工艺堪称一绝。无论是刺绣、染织，还是裁剪、缝制，都展现了古代匠人的精湛技艺和无穷智慧。在追求工艺精湛的同时，古代匠人并没有忽视服饰的节用适用原则。他们通过合理的材质选择、精巧的工艺设计和适度的装饰手法，使服饰既美观又实用，既节省材料又降低成本。

以清代女衫为例，里襟边缘与前中线重合，制造者利用面料物性，巧用布边不易脱丝的特征，将面料光边作为里襟止口，在保证里襟边缘牢固的同时，减少缝制和裁剪流程，是"重己役物"精神的体现。

在染织工艺方面，古代人们同样注重节用适用原则。他们利用天然植物、矿物等作为染料，通过浸染、蜡染、扎染等技法，在织物上形成各种美丽的色彩和图案。在染织过程中，古代匠人并没有浪费染料和资源，而是根据织物的用途和需求量来合理安排染织工艺。例如，用于制作日常衣物的织物，多采用经济实惠的染料和简单的染织技法；而用于制作礼服的织物，则采用珍贵稀有的染料和复杂的染织技法，以确保其品质和美观性。

在裁剪和缝制工艺方面，古代人们更是将节用适用原则发挥得淋漓尽致。他们根据人体的身材特点和活动需求，精心设计出各种合身舒适的服饰款式；同时，在裁剪过程中尽量减少布料的浪费，通过巧妙的拼接和缝合技法，将布料充分利用起来。例如，古代的袍服多采用宽松的设计，既方便活动又节省布料；而古代的裙子则多采用褶皱设计，既增加了服饰的层次感和美感，又减少了布料的用量。

此外，古代人们还注重服饰的耐用性和可传承性。他们选择耐用且易保养的材质制作服饰，如丝绸、棉布等；同时，在服饰的设计和制作过程中注重细节和品质，确保服饰能够经久耐用，并传承给后代。这种对服饰耐用性和可传承性的追求，不仅体现了古代人们对资源的珍惜和合理利用，也彰显了其对后代子孙的关爱和责任感。

第二章 服饰文化符号的历史沿革

中国传统服饰蕴含深厚的文化底蕴，不仅展现了鲜明的民族风格，也反映了人们对和谐统一的追求。服饰的设计和穿着习惯，如宽松的衣袍和宽大的衣袖，体现了中国传统的"天人合一"思想，以及儒家、佛家和道家文化的交融。对服饰的重视也映射出古代中国深厚的政治伦理和礼仪观念。而繁复的服饰制度则与当时严格的社会等级制度相呼应，这些元素共同构成了中国传统服饰文化的核心。

本章将深入探讨中国历代的服饰文化，从夏、商、西周的早期服饰，到春秋战国时期的多样化发展；从秦汉时期的统一规范，到魏晋南北朝的文化交融；再到隋唐五代的繁荣与创新，宋辽金元时期的民族融合，直至明清时期的服饰制度化和规范化，将一一展开，详细解读每个时期的服饰文化符号特点和其背后的文化内涵。通过这一历史脉络，使读者可以更深刻地理解中国传统服饰的文化价值和历史意义。

第一节　夏、商、西周、春秋战国时期

一、夏代服饰文化符号解读

公元前21世纪，华夏大地迎来了夏朝的曙光，奴隶制社会悄然开启。这一时期，农业因金属工具的广泛运用而蓬勃发展，畜牧业、手工业与染织业紧随其后，迈向新的高峰。在古老的甲骨文中，我们寻觅到了"桑""丝""蚕"等字样，它们见证了夏朝服饰文化的萌芽。

史传夏朝第一位君主夏禹（图2-1），曾经领导人民战胜洪水灾害。在治水过程中，他三次经过家门而不入，其提倡节俭，崇尚黑色。文献资料和考古发现证实，夏代以黑色为尊，如龙山文化出土的陶器以黑色最多、最精美而被人称为黑陶文化。《礼记·檀弓》明确指出："夏后氏尚黑。"《孔子家语》《吕氏春秋》等文献也有类似的说法。墨子及其弟子尊

图 2-1　夏禹像

夏禹行夏道，衣服全然黑色布料。韩非子说夏禹以黑漆涂抹食器、祭器，彰示着生活领域中的全方位尚黑观念。

（一）夏代服饰的材质与工艺

夏代标志着中国纺织技术质的飞跃，现代意义上的衣料开始出现。夏代衣料的质地在

文献中有所记载，如《说苑》中提到的"衣裳细布"，《盐铁论·力耕》中的"文绣衣裳"，这些都反映了夏代衣料的精细和装饰性（图2-2）。

图 2-2　夏代服饰

（二）夏代服饰的主要特点

1. 服饰中出现明显的等级分化

夏朝时期，服饰从防寒护体的原始功能发展为被统治者利用的政治工具。在晋南襄汾陶寺遗址的考古发掘中，可以看到夏朝服饰品类的两分现象。在1000多座墓葬中，大、中型墓葬仅占13%，而小墓葬几乎没有任何随葬品，这表明了社会等级的显著差异。在这些大、中型墓葬中，墓主人的随葬品极为丰富，尤其是一个中型墓的墓主人，其衣服数量和华贵程度令人印象深刻。

2. 祭祀礼仪服装受到高度重视

夏代初期，服饰在重要仪式中占据了举足轻重的地位。尽管礼服的使用频率相对较低，但其豪华程度和受重视程度远超日常服装。这种重视源于古人对天地自然的崇拜，祭祀天地神灵的活动已成为当时国家的重要事务。

孔子曾评价夏禹："菲饮食而致孝乎鬼神，恶衣服而致美乎黻冕。"这句话表明，夏禹在日常生活中虽然节俭，但在祭祀时却穿着华美的礼服，以示对神灵的崇敬。这种对祭祀服装的重视，反映了夏代社会对礼仪的尊重和对神灵的敬畏。

（三）夏代的服装样式

夏代的服装样式，由于时间跨度大，相关文物稀少，文献记载也不多，因此难以详尽描述。根据现有资料，可以对夏代的服装样式有一个初步的了解。

1. 礼冠：收

夏代礼冠名为"收"，与后来的冕冠作用相似。据《史记·五帝本纪》记载，尧帝时期已有"黄收纯衣"的记载，表明夏代的礼冠是黄色的，象征着古质朴素。

2. 礼服：纯衣

纯衣是古代礼服之一，据《礼记》郑玄注解，纯衣是士人的祭服。司马贞在《史记索隐》中提到"纯，读曰缁"，意味着夏代或更早时期，人们所穿的礼服是黑色的。

3. 常服首服：毋追

除了礼服外，夏代的日常服饰称为常服，也称燕服，即居家常穿的服饰。与之相配的首服是毋追，形状呈丘堆状。《礼记·郊特牲》中提到"毋追，夏后氏之道也"，郑玄注解为行道之冠，孔颖达注解为养老燕饮、燕居之服，显示了毋追在日常生活中的使用。

二、商代服饰文化符号解读

商朝是中国第二个朝代，服饰作为这一时期身份和地位的象征，与夏代相比有了明显的变化，中华服饰文化中的上衣下裳制（图2-3），交领右衽，大带、蔽膝等服饰特征已经有所体现。

（一）商代服饰的材质与工艺

在商代，衣料主要由麻和丝织品构成，其编织技术相较于夏代有了显著提升，且品种更为丰富。这一点在殷墟妇好墓中得到了印证，墓中50多件铜礼器表面粘附有不同层数的纺织品残片。经分析，这些残片包括麻织品、以平纹绢为主的丝织物、朱砂染色的平纹丝织物、单经双纬和双经双纬的平纹变化组织、回形纹绮（与墓中玉石人衣袖上的纹饰相似）以及大孔罗（我国迄今为止发现的最早的机织罗）。

在色彩运用上，商代衣料色彩浓重，不仅使用丹砂等矿物颜料，还广泛采用槐花、黄栀子、栎豆等野生植物以及种植的蓝草、茜草、紫草等作为染料，为服装材料和纹饰的发展提供了极为丰富的物质基础。

图2-3 商代上衣下裳制

（二）商代服饰的特点

与之后的朝代相比，商朝的服饰款式相对朴素但不失庄重。从安阳殷墟妇好墓出土的玉人雕像（图2-4）可见，商代衣着款式通常以上衣下裳制为主，他们上身穿着交领、右衽、窄袖的短款上衣，这些衣物上常常绣有精美的图案，领口和袖口

图2-4 殷墟妇好墓出土的玉人雕像

都饰以花边，为衣物增添了几分细致与华美。腰间则以宽带束紧，而在腹部前方，会佩戴一块形状上窄下宽的斧形饰物，被称作韦鞸，即后世文献中提及的"蔽膝"。起初，蔽膝具有实用的防护功能，但随着时间的推移，它逐渐演变为权力和地位的象征。下身则是配以裙裳。这样的装束构成了殷商时期贵族的典型服饰形象。

商朝时期的服饰装饰也是一大亮点，尤其是贵族服饰上精美的纹饰与图腾。这些图腾大多与自然界的神兽、鸟类等相关。这些纹饰不仅仅是美学上的表现，更具有深厚的文化象征意义。在商朝，龙凤等被认为是权力和吉祥的象征，只有拥有高贵血统或显赫地位的人才能在服装上使用这些图案。而普通百姓的衣物则通常以简洁为主，没有复杂的纹饰。

（三）商代的冠式

在商代，头衣的设计取得了显著进步，冠饰种类趋向多样化，并涌现出诸多别具一格的款式。从外观形态上，这些冠饰主要可分为高冠与矮冠两大系列。

1. 高冠

与商代之前流行的较平缓的扁平冠不同，高冠成为商代冠饰的一大创新亮点。这种冠式不仅为后来的冠类设计多样化奠定了基石，也为后世通过冠饰来区分身份等级提供了依据。

2. 矮冠

商代的矮冠是在继承前代传统的基础上进一步演变而来，它们注重实用性，同时也不乏美观性。前文提到的图2-4中的玉石人像，头戴一顶矮平冠，冠额前方装饰有一个横卧的圆筒形饰物，这个圆筒的宽度略大于人头，而冠顶则未封闭，直接露出头发。

（四）商代的足衣

在商代，足衣已经与体衣、头衣共同构成了一个完整的服饰系统。《诗经·魏风·葛屦》中描述："纠纠葛屦，可以履霜。"可以看出，当时制作屦（古代对鞋的称呼）的材料大部分为葛藤，也有用草编成的草鞋。考古发现，如安阳出土的玉俑，为我们提供了当时鞋的形制应为平头鞋和尖头鞋。商代的高级奴隶主、贵族穿翘尖鞋，而中小贵族则穿履，这体现了当时服饰的等级差别。

三、西周服饰文化符号解读

西周时期社会生产力显著提升，物质财富显著增加，规章制度日益完善。在这一时期，中国的冠服制度经过夏、商两代的初步发展，到达了成熟和完善的阶段，西周在礼服制度（即冠服制度）的完善上做出了巨大贡献，对后世产生了深远影响。

（一）西周服饰的材质与工艺

在西周时期，服饰的材质和工艺达到了一个新的高度，衣料的种类相当丰富，包括了皮、毛、丝、麻、葛等。这些材料中，一些高级的服装材料被用于制作织锦和刺绣，显示出西周纺织技术的精湛。

西周时期的织锦技术尤为突出，在辽宁朝阳早期西周墓和山东临淄郎家庄的东周墓中都发现了织锦残片。这些织锦的密度非常高，每厘米经线达到112根，纬线32根，经线使用多种颜色，通过经线的色彩变化来显现花纹，因此被称为"经锦"。《释名·释采帛》中提到，锦的价值非常昂贵，几乎与金子相当，这也是"锦"字由"帛"和"金"组成的原因。

（二）西周趋于完备的冠服制度

西周最大的贡献以及对于后世的影响就是礼服制度（也叫冠服制度）的完善。其礼服制度也是上衣下裳，只不过头要戴冠（那时的各种冠已发展完善，并延续后世），衣裳要有等级，要有章纹，出现蔽膝、组玉等相关礼服配件，这样完善的礼服系统一直延续到明。

1. 冕冠

冕冠是周代最为尊贵的礼冠，象征着权威和尊贵，通常由天子、诸侯及高级官员在重要的祭祀仪式中佩戴。成语"冠冕堂皇"即源于此，用以形容庄重而华丽的装束。冕冠由两部分组成：冕板和冠体（图2-5）。

冕板是一块置于冠顶的长方形木板，用细布帛包裹，上玄下缥的配色，分别象征天和地。冕板宽八寸，长一尺六寸，前圆后方，寓意天圆地方。设计为前低后高的前倾式，以此提醒戴冠者即使地位显赫也应保持谦逊，同时体现对百姓的关怀。冕板前后边缘均垂有由彩色丝线串成的珠串，丝线称为"藻"或"缫"，珠饰称为"旒"，合称"玉藻"或"冕旒"。玉珠间留有间距，通过打结固定，两节之间称为"就"。天子使用的玉藻由青、赤、黄、白、黑五种颜色的丝线和朱、白、苍、黄、玄五种颜色的玉珠组成，每旒用十二珠；诸侯则用朱、白、苍三色九旒玉藻。五色丝线和玉珠的排列象征五行相生相克及时间的流转。

冠武是冠的主体部分，圆筒形，用竹丝编成胎，再冒以皂（zào，黑色）纱。冠武上饰长方形金池一对（前后各一）、葵花形金簪纽一对、缨纽二对及金条（条状金饰）若干。冕板两端垂充耳一对，充耳用玄紞（dǎn，丝线）系黈纩（tǒu kuàng，明代指黄色玉珠）和白玉瑱（tiàn，玉珠）各一颗，象征帝王不应轻信谗言，成语"充耳不闻"即源于此。朱缨从冠武两侧缨纽处向外穿出，系结并虚悬于额下。玉笄自右向左插在冠武的纽内，笄双端系有纮（丝带），绕于冕者颈下，以固定冕于头上，余端下垂。从冠上横贯左右的长长的带子是天河带。

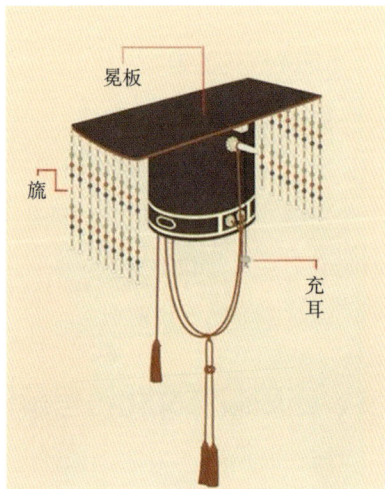

图2-5 周朝冕冠示意图

2. 冕服

冕服采用上衣下裳的基本形制。上衣称为玄衣，玄色是一种带赤的黑色或泛指黑色，代表未明之天；下裳称为缥裳，缥色为浅红色，象征黄昏之地（图2-6）。

图2-6 西周冕服示意图

　　玄衣纁裳上绘绣有十二章纹样，前六章为绘，后六章为绣。十二章纹样不仅具有深刻含义，还体现了阶级区别，是帝王最隆重场合所穿的礼服上的装饰。纹样包括日、月、星辰、山、龙、华虫、宗彝、藻、火、粉米、黼和黻（图2-7），象征天地间的十二种德行。日、月、星辰代表照临，山代表稳重，龙代表应变，华虫代表文丽，宗彝代表忠孝，藻代表洁净，火代表光明，粉米代表滋养，黼代表决断，黻代表明辨。

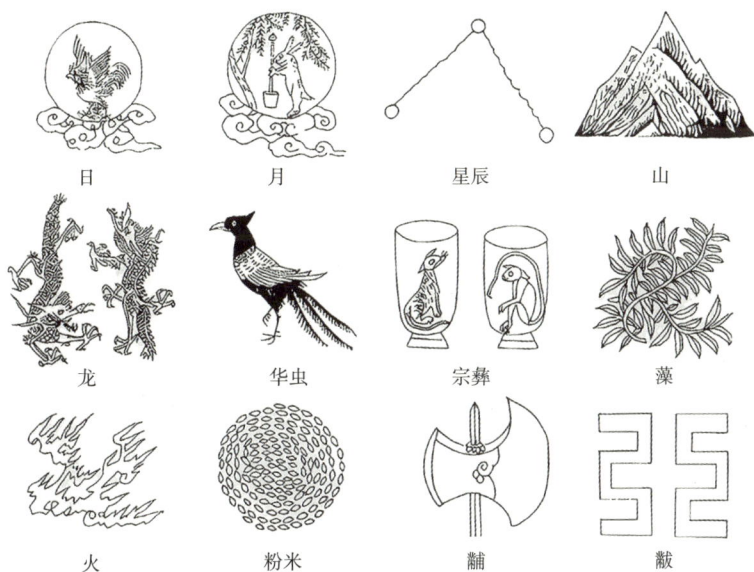

图2-7　十二章纹样

　　冕服的附件包括：中单，即素纱衬衣，穿在冕服内；芾（蔽膝），系于革带之上，垂于膝前，天子用朱色绘龙、火、山三章，公侯用黄朱绘火、山二章，卿、大夫绘山一章；革带，宽二寸，前系黼，后系绶；大带，丝帛宽带，天子素带朱里，诸侯不用朱里，下垂绅束腰；佩绶，天子佩白玉玄组绶，诸侯佩山玄玉朱组绶，大夫佩水苍玉纯组绶等；舄，复底礼鞋，底上层为皮或帛，下层为木质；帮以帛为之（图2-8）。

　　六冕包括大裘冕、衮冕、鷩冕、毳冕、绤冕、玄冕。大裘冕：帝王祭祀天地的礼服，包括冕、中单、大裘、玄衣、纁裳，共十二章纹样（图2-9）。衮冕：王的吉服，包括冕、中单、玄衣、纁裳，共九章纹样（图2-10）。鷩冕：王祭先公与飨射的礼服，包括冕、中单、玄衣、纁裳，共七章纹样（图2-11）。毳冕：王祀四望山川的礼服，包括冕、中单、玄衣、纁裳，共五章纹样（图2-12）。绤冕：王祭社稷先王的礼服，包括冕、中单、玄衣、纁裳，上衣绣粉米一章，下裳绣黼、黻二章（图2-13）。玄冕：王祭群小即祀林泽坟衍四方百物的礼服，包括冕、中单、玄衣、纁裳，上衣不加章饰，下裳绣黻一章（图2-14）。

图2-8　舄

图 2-9　大裘冕

图 2-10　衮冕

图 2-11　鷩冕

图 2-12　毳冕

图 2-13　絺冕

图 2-14　玄冕

王后的礼服与周天子的礼服相配衬，也分为六种规格，包括袆衣、揄狄（翟）、阙狄（翟）、鞠衣、襢衣、褖衣。前三种为祭服，袆衣（图 2-15）为玄色加彩绘，揄狄（翟）为青色，阙（翟）为赤色，鞠衣（图 2-16）为桑黄色，襢衣为白色，褖衣（图 2-17）为黑色。揄狄（翟）和阙狄（翟）用彩绢刻成雉鸡之形，加以彩绘，缝于衣上作装饰。六种衣服都配以素纱内衣。女性的礼服采用上衣与下裳不分的袍式，象征妇女情感专一。

（三）西周时期的一般服饰

西周时期，统治者不仅对冕服做了严格的规定，对一般服饰也有严格规定。西周时期的一般服饰主要有深衣、玄端、袍、襦、裘等几种类型。

1. 深衣

在西周时期，深衣作为一种新的服饰

图 2-15　袆衣

图 2-16　鞠衣

图 2-17　襐衣

款式出现，其名称来源于其设计使衣服紧贴身体，显得深邃。与周代之前的服饰不同，深衣采用了上下连属的设计，将上衣和下裳合并为一件长衣，通常具有交领右衽和续衽钩边的特点，且下摆不开口，分为曲裾和直裾两种样式。在制作深衣时，尽管上衣和下裳在视觉上是连为一体的，但在裁剪上仍然保持了传统的分开裁剪方式，然后缝合，以此表达对祖先传统的尊重。下裳部分由6幅布料组成，每幅再分为两片，共计12片，象征

着一年的12个月。这些布料中有些是以斜角方式裁剪的，形成一头宽一头窄的"有杀"。在裳的右衽处，使用斜裁的布料缝接，形成一个斜三角形，穿着时围绕腰部并用腰带固定，这种设计被称为"续衽钩边"。根据《礼记·深衣》的记载，深衣是适用于君王、诸侯、文臣、武将和士大夫的服饰，诸侯在参加夕祭时会穿着深衣而非朝服。深衣被儒家赋予了丰富的哲学和象征意义，其袖子圆润象征规，领子方正象征矩，背部垂直象征绳，下摆平衡象征权，整体符合规、矩、绳、权、衡的五种原则，因此被视为仅次于朝服的正式服装。普通民众则将深衣作为吉祥的服装穿着。深衣起源于西周，到了春秋战国时期尤为流行。

2. 玄端

玄端是一种庄重的服饰，其衣袖和衣长均定制为二尺二寸，采用正幅正裁的方式，颜色为玄色，即一种深黑色，表面无纹饰，因其款式规整而得名（图2-18）。此服饰在国家法服中占有重要地位，既适合天子及士人日常穿着，也适用于诸侯祭祀宗庙的庄重场合。在搭配上，诸侯的玄端通常配以玄色的冠帽和素色的下裳，彰显其尊贵地位；上士则同样选择素裳搭配；中士则配以黄色的下裳；而下士则穿着前玄后黄相间的杂裳，以示身份之别。

图 2-18　玄端

3. 袍

袍是一种长款服饰，其特点是上衣和下裳连成一体，并且具有夹层设计，夹层中填充了用于保暖的棉絮。根据夹层中棉絮的质地，袍有

"茧"和"绲"两种不同的称呼：当夹层中填充的是新棉絮时，被称为"茧"；而当夹层中填充的是质量较差的棉絮或细碎的麻时，则被称为"绲"。在周代，袍主要作为日常的便服穿着，并不用于正式的礼仪场合。

4. 襦

襦是一种较短的棉制衣物，相对于袍来说，它的长度更短（图2-19）。如果襦的材质粗糙简陋，那么它就被称作"褐"。褐是劳动者常穿的粗布衣服，这一点在《诗经》的《豳风·七月》篇中有提

图 2-19　襦袄

及："无衣无褐，何以卒岁？"这句话反映了褐作为基本衣物对于普通人度过寒冬的重要性。

5. 裘

裘，作为古代最早的御寒衣物之一，其历史可追溯至几十万年前。我们的祖先最初使用未经加工的兽皮制作衣物，这些原始兽皮未经硝化处理，质地硬且带有异味。到了西周时期，人们不仅掌握了熟皮的技术，还对不同兽皮的特性有了深刻的了解。在西周，天子的裘服选用的是优质的黑羔皮，而贵族则偏爱穿着华丽的狐裘。天子和诸侯的裘服为全裘，不添加袖饰，而下卿和大夫则在裘服的袖端装饰豹皮。这类裘服的毛皮朝外穿着，天子、诸侯、卿、大夫还会在裘服外披上罩衣（裼衣），天子的白狐裘裼衣使用锦缎制作，而诸侯和大夫在上朝时需再穿上朝服。相比之下，士以下的平民只能穿着羊毛或狗毛制成的裘衣，且不允许罩上裼衣。这些规定体现了西周时期服饰的社会等级和礼仪制度。

四、春秋战国时期服饰文化符号解读

（一）服饰变革的社会背景与动因

公元前770年，周平王即位，标志着春秋时期的开始。铁制工具的广泛使用促进了农业和手工业的发展，加强了各小国的国力，逐渐摆脱了对周王朝的依赖，导致周王朝的衰微和"礼治"制度的崩溃。春秋战国时期的诸侯争霸战争不仅带来了灾难和痛苦，也加速了国家统一的进程，促进了民族融合，推动了社会变革。这一时期，中国古代思想文化进入第一次高潮，形成了"百家争鸣"的局面，各学派在服装美学思想上也有所体现。

1. 服饰文化的变革

（1）农业与手工业的发展：农业和纺织业的迅速发展，特别是齐鲁地区成为丝绸生产中心，促进了服饰用料和样式的多样化。

（2）色彩观念的变化：紫色取代了朱色成为正色，成为权贵和富贵的象征。

（3）服装结构的变革：赵武灵王推行"胡服骑射"的军事改革，开创了中国历史上第

一次服饰革命，对后世服饰产生了深远影响。

2. 百家争鸣与服饰观

（1）儒家：提倡"宪章文武""约之以礼""文质彬彬"。

（2）道家：提出"被褐怀玉""甘其食，美其服"。

（3）墨家：提倡"节用""尚用"，不必过分豪华。

（4）法家：韩非子提倡服装要"崇尚自然，反对修饰"。

（二）春秋战国时期的服饰类型与风格解读

春秋战国时期的服饰属于汉服，为汉族传统服饰中的一种。比较具有代表性的是深衣，其次是与中原人宽衣大带相异的北方少数民族服装：胡服。

1. 深衣（图2-20）

深衣自西周起便是贵族的日常服饰以及平民的礼服。到了东周，随着传统礼制的瓦解和社会生产力的提升，深衣开始广泛流行。在山西侯马牛村出土的东周时期青铜冶铸遗址中的春秋男子陶范，展示了穿着矩纹织物深衣的形象，这种深衣具有矩领、窄袖、交领右衽、腰部束带的特点，表明深衣已在社会广泛流行。

图 2-20 春秋战国深衣

到了战国时期，深衣的样式和流行程度都发生了显著变化，特别是在楚国。楚文化中的"信鬼好祀"和厚葬习俗促使大量与服饰相关的文物（如木俑、帛画等）被保存下来，为我们提供了宝贵的楚人服饰资料。这些资料表明，战国时期深衣在楚国已成为男女皆宜的时尚服饰。楚式深衣分为直裾和曲裾两种，同样采用交领右衽的设计，但衣身更加宽敞，袖子也由窄变广，多采用高档丝织物制成，图案华丽多彩。特别是曲裾深衣，其衣襟多层缠绕，旋转而下，别具特色。

2. 胡服

胡服，起源于西北地区的少数民族，与中原汉族的传统宽衣大带式服装截然不同，通常由短衣、长裤和皮靴组成，设计紧身窄小，便于活动（图2-21）。相较于商周以来的汉族传统服饰，包括襦、裤、深衣、

图 2-21 战国胡服

下裳等复杂搭配，胡服的穿着更为简捷。汉族的传统裤装是无裆的套裤，仅由两条裤管组成，穿在胫部，也称为胫衣，这种服饰在展示身份地位上具有特殊的审美意义，但在实际活动中，尤其是战争和骑射时，显得极为不便。

战国时期，赵国位于西北，常与东胡和娄烦两个民族发生军事冲突。这两个民族擅长骑马射箭，在复杂地形中灵活作战，而中原军队习惯于车战，难以适应山地作战。为了提高军事实力，公元前307年，赵武灵王推行军事改革，决定训练骑兵以对抗敌人。这一改革包括服装上的变革，即采纳胡服的样式，废弃传统的上衣下裳，改穿合裆裤，这种裤子能够更好地保护骑兵的大腿和臀部，减少摩擦，且不需外加裳即可穿着，大大提高了功能性。

赵武灵王的这一改革在中国服饰史上具有重要意义。尽管如此，春秋战国至汉代的社会上层人士仍受传统审美观念的影响，继续穿着宽襦大裳的服饰，而军人和劳动人民则因实际需要，改穿单裤而不加裳。这一变革体现了服饰随着社会需求和文化观念的变化而不断演进。

（三）春秋战国时期的服饰纹样

春秋战国时期的服饰纹样在商周时期传统装饰基础上发生了显著的演变。商周时期的装饰纹样以其夸张和变形的造型而著称，常以几何框架为基础，采用中轴对称的设计，将图案紧密地安排在几何形状内，特别强调动物形象的头部、角、眼、鼻、口、爪等细节，使用直线为主、弧线为辅的轮廓线，展现出一种统一而严肃的风格，反映了当时奴隶主阶级的权威和神秘感。

进入春秋战国时期，随着奴隶制的解体和社会思想的活跃，装饰艺术的风格也从封闭转向开放，纹样造型趋向写实，轮廓结构从以直线为主转变为自由曲线为主，艺术风格也从静态沉重变为活泼生动。尽管商周时期的几何图形和对称技巧在春秋战国时期依然被使用，但它们更多地作为布局的基础，而不是限制创作的"功能性骨骼"。设计师可以根据需要灵活地超越这些几何框架，创作出新的纹样。

第二节 秦、汉、魏晋南北朝时期

一、秦代服饰文化符号解读

秦代是中国历史上第一个统一的中央集权制国家，秦始皇推行"书同文，车同轨，兼收六国车旗服御"的政策，统一币制、统一度量衡、统一文字，其中也包括建立衣冠服饰制度。

（一）秦代军服的特色

秦代是中国历史上军事扩张的高峰期，服饰的设计也深受军事文化的影响。秦军的军服以实用性和战斗性为主，强调保护和便于作战。铠甲、战袍等军事服饰的设计体现了秦代军事的强大和严谨。陕西西安发掘出土的规模宏大、气势辉煌、阵容威武整齐而又独具特色的兵马俑，便是最有力的证明。同时，也为研究秦代军事服装提供了直观形象的宝贵资料，具有重要的历史价值和学术价值。

1. 铠甲

秦代的铠甲设计独具特色，其多样性是秦代军事装备的一大亮点（图2-22）。根据士兵的军阶和战场需求，秦代铠甲主要分为以下四种类型：

（1）军官铠甲。秦军官分为高、中、低三级，其中将军的铠甲最为精致。甲衣由前后两片组成，前片较长，下摆呈尖角状；后片较短，呈齐平的方形。前胸、后背和双肩不饰甲片，而是用带结装饰。全身甲片虽少，但工艺精细，边缘绘有彩色几何图案。

（2）步兵铠甲。步兵铠甲由甲身、背甲和披膊三部分构成，通过牛皮绳或麻线连接。前后身和两侧不设大开口，仅前胸右上侧有小开口，穿着时从上套下并系扣。前身长，后身短，工艺简单。出土数量大，显然是供数量庞大的步兵使用。

（3）骑兵铠甲。骑兵铠甲由前后两片构成，双肩无披膊，前身稍长于后身，以适应骑兵的作战需求。

（4）车兵铠甲。车兵铠甲中，车兵军官的甲衣设计独特，仅身前有护甲，由57块甲片组成，周边有宽缘边，两肩有宽甲带，过肩交叉后与甲衣下部带子系结固定。

2. 战袍

秦俑战袍采用上下连属制，即上衣与下衣相连，形成一件完整的长袍（图2-23）。这种形制类似于深衣，具有交领右衽的特点，即衣领在右侧相交。战袍的长度一般及膝，后身下摆设计成燕尾式，这样的设计既保持了服饰的庄重，又考虑到了士兵在战场上的活动便利性。曲裾的设计使得战袍在穿着时更加贴合身体，便于行动。

图2-22 秦铠甲武士俑

图2-23 1号兵马俑
"先锋战士"

3. 裤

秦俑所展现的裤装具有两种不同的长度设计，这些设计反映了秦代服饰的实用性和对士兵作战需求的考虑。

（1）长款裤。这种裤子的长度及脚踝，裤腿从战袍下摆露出，使得其是否为连裆裤的具体结构难以辨认。裤口设计为收口，便于活动。

（2）短款裤。短款裤的长度仅及膝盖，裤口展开呈喇叭状，方便行动。小腿部分裸露，用行藤（一种植物藤条）缠绕保护，以减轻作战时的损伤。

4. 行縢

行縢，也称胫衣，是一种用于保护小腿的长条布帛，从脚踝部位开始向上缠绕至膝盖以下部位，并用细带子固定（图2-24）。这种装束不仅能够保护小腿免受伤害，还具有保暖作用，同时允许穿着者保持灵活和行动便捷。行縢最早可以追溯到商代，当时似乎是贵族服饰的一部分。到了春秋时期，这种习俗逐渐普及。秦代则将其广泛应用于军服中，以便于士兵行动，充分发挥其实用性。通过这种方式，秦代的军事装备不仅考虑了防护和保暖，还兼顾了士兵在战场上的机动性。

5. 履与靴

秦俑所展示的足衣主要分为履和靴两种。

（1）履。履的使用较普遍，为多数人穿着，基本呈舟船状，底薄且带浅，前端高而后端低，盖脸部分较短，仅能覆盖脚趾的一小部分（图2-25）。履口为方形，为了便于穿着者行动，履的后跟以及左右两侧都设计有环带纽，以供系带穿过并加固。根据穿着者的不同身份，秦履被细分为方口平头履、齐头翘尖履和方口圆头履三种。总体来看，秦履以方头为主流设计，即使有少数略显圆头的款式，也仅仅是在方头的基础上进行了棱角的圆润处理，实质上仍可被归类为方头履。在等级区分上，履头上翘的程度成为一个重要标志，通常上翘越高代表地位越尊贵。

（2）靴。相较于履，秦俑中发现的靴数量较少，并且其式样与西部早期及后世的靴子存在显著差异，最明显的区别在于靴勒（即靴筒的束紧部分）较短且浅（图2-26）。

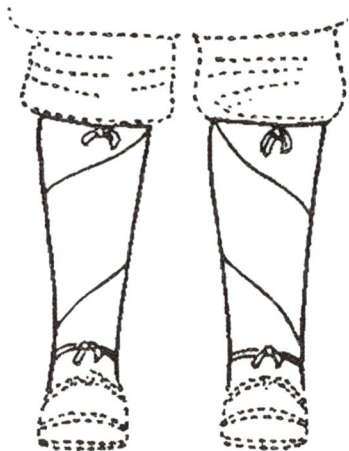

图2-24　行縢

图2-25　秦俑的履

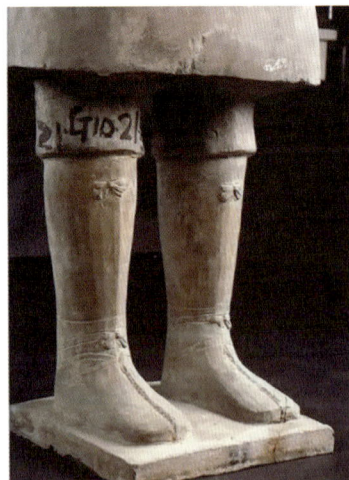

图2-26　秦俑的马丁靴

秦靴的具体造型为薄底、方圆头、短筒以及单梁设计。从现代的角度来看，靴子似乎更适合经常行动和作战的军队士兵穿着。然而，受当时材料质量、加工工艺以及设计理念等因素的制约，秦代的靴形设计尚不成熟，其实用功能也未能达到后世的标准。因此，秦靴同样需要借助绳带的系扎来加固，靴子的后跟和靴筒两侧也设有带纽，以供穿带并系紧。这一现象也表明，在秦代，靴子仍属于一种相对新颖的足衣形式。

6. 发式与冠型

（1）扁髻与冠。秦俑中的大多数戴冠者都梳着扁髻，这种发式将头发整齐地盘于脑后，形成的发髻并不明显凸起（图2-27）。有的秦俑不编辫，而是直接将头发折叠紧贴脑后，使发髻与头顶保持平齐。这种发式的兵俑多数是为了佩戴各种冠饰的军官，少数不戴冠的则是普通士卒。

（2）椎髻与帻。椎髻作为一种复杂的发式，其造型与编织方法多样，且各类椎髻间存在显著差异。通常，这种发式是先将头顶的头发归集，然后挽至头部的左侧或右侧，形成偏斜的椎状髻。接着，将额部两侧及脑后的剩余头发分别编成辫子，并巧妙地编织成

图 2-27 扁髻

"十"字、"丁"字、"卜"字或"大"字等形状。在秦始皇陵兵马俑中，这种发式多见于地位较低的士兵形象。

椎髻有两种主要形式：一种是完全不佩戴任何冠巾的裸头式，另一种则是在发髻上加以"帻"作为装饰。"帻"呈上小下大的圆锥形，巾筒深邃，前面覆盖额前头发，后面延伸至脑后，左右则达到耳根部位，将大部分头发都包裹在内。为了便于摘戴，"帻"在边侧或脑后下端设计有一个三角形的开口，并配有可调节松紧的带子。由于所梳的发髻为偏髻，因此佩戴这种"帻"的秦俑发型也呈现出偏斜的样式。

（二）秦代官民的服饰特点

1. 冠巾

秦代服饰呈现有简有丰的特点：一方面，秦朝大幅度减少了沿袭千年的传统礼冠；另一方面，秦朝吸收并利用了被征服国家的冠巾，从而在一定程度上促进了服饰文化的多元化发展。

（1）玄冕冠。秦代对传统的礼冠制度进行了大幅度的简化。秦始皇统一六国后，对周代的冕服制度进行了调整，废除了"六冕"中的五种，仅保留了礼仪意义较轻的玄冕冠（图2-28）。

图 2-28 玄冕冠

（2）高山冠。又称侧注冠，原为战国时期齐国国君所戴。秦灭齐后，秦始皇将这种冠赐给了近臣，成为秦代官员的首服之一（图2-29）。

（3）法冠。即獬豸冠，原本是楚王所喜爱的冠型。秦灭楚后，秦王将这种冠赐给了执法的御史和近臣，寓意执法者应如獬豸般公正无私（图2-30）。

 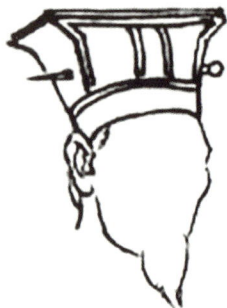

图2-29 高山冠　　　图2-30 法冠

（4）黔首。黔首是秦代广泛流行的头巾，颜色为黑色，多为平民百姓所使用。因此，黔首也成为秦代平民的代称。秦代以水德为尊，水德尚黑，这也是黔首颜色的来源。

2. 礼服

秦代的袀玄是一种全黑色的正式服装（图2-31）。据《后汉书·舆服志》记载，秦朝在统一六国后，废弃了传统的礼学，将郊祀时的礼服改为全黑的袀玄。这一变化反映了秦朝以水德为尊，崇尚黑色的文化特征。袀玄取代了传统的冕服，成为秦代郊祀活动中的标准礼服。

3. 文官服

秦代文官的服饰具有一定的规范性。他们通常头戴单板或双板的长冠，身穿交领右衽的

图2-31 秦代礼服袀玄

袍服，袍长及膝，后摆续衽形成燕尾状。下身穿着裤子，并在小腿部位配有护腿，腰部系有革带，足部穿着履。这种服饰的设计既体现了官员的身份，又考虑到了实用性和行动的便利。

二、汉代服饰文化符号解读

（一）汉代服饰发展变革

汉代包括西汉和东汉，在长达四百多年的历史进程中，服饰文化符号经历了显著的发展与变迁。西汉初期，国家初建，万事待兴，服饰风格相对简朴，大多数服饰沿袭了秦代的风格，没有太多变化。汉武帝时期，随着国家力量的增强，对服饰制度的重视逐渐增加，开始初步建立起朝臣的服饰等级制度。这一时期，服饰文化开始繁荣，出现了奢侈的服饰风尚，但服饰制度尚未完全成熟。公元59年，东汉明帝时期，皇帝下诏恢复并制定了新的服饰制度，这标志着汉代服饰制度的正式确立。这一制度参照了周代的服饰传统，恢

复了秦始皇时期被废止的冕服制度，并明确了朝官服饰的使用等级、皇后的服饰规范，以及朝官的佩绶等服饰等级制度，使得服饰的等级区分更加严格。从此，汉代的服饰制度进入了一个更加丰富和成熟的阶段。这一时期的服饰制度不仅体现了社会等级和身份的象征，也标志着中国古代服饰制度的发展已经达到了一个新的高度。

（二）汉代男子服饰特点

1. 冠

汉代的冠是区分等级身份的基本标志之一，其种类多样，主要来源于恢复周礼之冠、承袭秦代习俗和本朝创新形成三个方面。汉代冠的种类包括以下几种：

（1）冕冠（图2-32）。汉代在借鉴周礼的基础上，对冕服制度进行了革新，主要体现在三个方面：第一，突破了周代仅使用九章纹饰的限制，将十二章纹样全面应用于服饰装饰中；第二，对冕冠的綖板进行了尺寸上的缩减；第三，将冕旒的颜色由原先的五色更改为单色。据古籍资料记载："冕綖长一尺二寸（合27.96厘米，汉尺一尺合0.233米），宽七寸（合16.31厘米），前圆后方，冕冠外面涂黑色，内用红绿二色。皇帝冕冠十二旒，系白玉珠，三公诸侯七旒，系青玉珠，卿大夫五旒，黑玉为珠。各以绶采色为组缨，旁垂黈纩。"在戴冕冠时，需搭配相应等级的冕服、蔽膝以及佩绶等配饰。

图2-32　汉代冕冠

（2）长冠（图2-33）。据说其起源与汉高祖刘邦有关，相传在刘邦担任亭长时，他常佩戴一款由竹皮编织的冠饰。即便在登基称帝、统一天下后，他依然对这款冠饰情有独钟，经常佩戴，因此它也被赋予了"刘氏冠""竹皮冠"或"高祖冠"等别称。此冠因形状酷似鹊尾，故又有"鹊尾冠"之名，其样式与长沙马王堆1号西汉墓中出土的木俑所戴之鹊尾冠颇为相似。后来，这款冠被正式定为公乘以上级别官员在祭祀时着戴的祭服冠饰，又称为"斋冠"。

（3）委貌冠（图2-34）。其形制为长七寸、高四寸，呈现出上小下大、状若倒置之杯的独特造型，采用皂色绢料精心裁制而成。此冠与

图2-33　汉代长冠

玄端（黑色上衣）及素裳（白色下裳）相得益彰，共同构成了一套庄重典雅的服饰组合。在辟雍举行的大射礼仪式上，公卿诸侯、大夫等尊贵身份者皆佩戴此冠以示庄重。而负责具体事务执行的执事人员，则佩戴由鹿皮制成的皮弁，其形制与委貌冠相仿，均源自古代冠饰的演变脉络，即夏朝的毋追、商朝的章甫，至周朝则发展为委貌冠，体现了中华冠饰文化的悠久历史与传承。

（4）通天冠（图2-35）。高达九寸，顶部微斜，下方以铁卷梁支撑，前有山形装饰，称为山述，由一块山坡形金板制成，上饰浮雕蝉纹，寓意高远与清廉。此冠为百官在月正朝贺时，天子所佩戴的礼冠。

（5）高山冠。亦称侧注冠，其特点为直竖无山述，为中外官谒者仆射所佩戴。此冠原为齐王所戴，秦灭齐后赐予近臣，汉代沿袭此制。

（6）进贤冠（图2-36）。其形制为前高七寸、后高三寸、长八寸，以冠上的竖脊（梁）数量区分品级。公侯佩戴三梁进贤冠，中二千石以下至博士佩戴两梁进贤冠，博士以下至儒生佩戴一梁进贤冠。此冠为文儒之士所佩戴，象征其学识与地位。

（7）武冠（图2-37）。亦称武弁大冠，为武官所佩戴。中常侍所戴者加蝉纹金珰，后饰貂尾，称赵惠文冠。秦灭赵后赐近臣，金象征刚强，蝉象征高洁。汉时貂尾用赤黑色，王莽时改用黄貂。武官在外及近卫武官则戴鹖冠，以鹖尾为饰，象征勇猛。

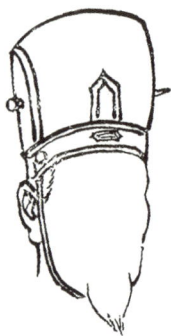

图2-34　汉代委貌冠　　图2-35　汉代通天冠　　图2-36　汉代进贤冠

图2-37　汉代武冠

（8）法冠。又称獬豸冠，承袭秦制。獬豸为神羊，能辨曲直，故成为法官的象征。汉代御史戴此冠，以彰显其执法公正。

（9）建华冠（图2-38）。以铁柱卷贯大铜珠九枚，形似缕鹿，下大上小，如汉代盛丝的缕篚。又名鷸冠，或以鷸羽为饰。此冠为祀天地五郊及明堂乐舞人员所佩戴。

（10）方山冠（图2-39）。又称巧士冠，形制近似进贤冠和高山冠，以五彩縠制成。非日常服饰，仅于郊天及卤簿（仪仗）中使用，多为御用乐工、舞女所戴。

（11）远游冠（图2-40）。形制类似通天冠，但无山述，仅展筒。此冠为诸王所佩戴，有五时服之配，即春青、夏朱、季夏黄、秋白、冬黑，西汉时则为四时服。

图2-38 汉代建华冠　　图2-39 汉代方山冠　　图2-40 汉代远游冠

（12）术士冠（图2-41）。汉制前圆，吴制则为差池四重，与《三礼图》所载相符。此冠为司天官所佩戴，但东汉时已不再使用。

（13）却非冠（图2-42）。形制如长冠而下方收紧，俗称鹊尾冠。为宫殿门吏、仆射所佩戴。

（14）却敌冠（图2-43）。前高一寸、通长四寸、后高三寸，形制如进贤冠，为卫士佩戴。

（15）樊哙冠（图2-44）。宽九寸、高七寸、前后各突出四寸，形制类似冕。此冠为司马殿门卫所佩戴，以纪念樊哙在鸿门宴上的英勇行为，并期望殿门卫士能如樊哙般勇敢忠诚。

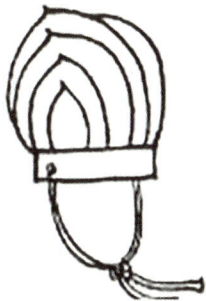

图2-41 汉代术士冠　　图2-42 汉代却非冠　　图2-43 汉代却敌冠　　图2-44 汉代樊哙冠

（16）爵弁（图2-45）。其形制宽广达八寸，长度延伸至一尺六寸，呈现出前小后大的独特造型，顶部采用雀头色的缯料装饰，与玄端素裳搭配使用，彰显尊贵。此冠为祀天地五郊及明堂云翘乐舞人员所佩戴，其形制源自周代爵弁的演变。

图2-45　汉代爵弁

2. 巾

冕与冠，作为古代社会身份与地位的象征，专为贵族与官员所佩戴。相比之下，普通民众则以布帛包头，此即"巾"之由来，其名称蕴含"谨慎"之意。战国时期，地域文化各异，如韩国人以青色巾裹头，称"苍头"；秦国人则以黑色巾包头，谓之"黔首"。冠与巾，原为古代男子成年之标志：男子年及二十，有身份之士行加冠礼，而庶民百姓则裹巾代表成人，劳动者则另有戴帽之习。

在汉代，巾作为劳动者与下层民众的首服，其种类繁复多样，其中葛巾尤为典型。葛巾以葛布为材，单色绢制，后缀两带，为士庶男子所常用。

至东汉时期，一种名为"林宗巾"的新式头巾应运而生。汉桓帝时，朝政为宦官所控，名士郭林宗不愿与之伍，遂以讲学为业。某日，郭林宗讲学途中遇雨，头巾淋湿一角低垂，此不经意间形成的半高半低之态，竟被其他名士竞相模仿，并以其名命之，是为"林宗巾"。此巾风靡一时，直至魏晋仍余韵未消。

东汉末年，头巾的使用范围发生显著变化，不仅劳动者继续沿用，王公贵族也开始以戴巾为雅趣，尤以整幅细绢制成的幅巾为甚。幅巾在士庶中流行，头戴幅巾、手执羽扇成为当时文士的标志性装扮。而汉末的黄巾起义，更是以头戴黄色幅巾为标志，彰显了巾在当时社会中的广泛影响力。

3. 帻

帻，由包发头巾演变而来的头饰，于汉代广泛流行，成为社会各阶层人士，上至帝王将相，下至门卒小吏，普遍佩戴的首服。其设计原型与帕首相似，最早可追溯至战国时期的秦国，初时主要用于包裹头发，以防头发散落。

进入汉代，帻的形制得到了进一步发展，显著特征是在额前增加"颜题"这一结构，与脑后呈三角形的"耳"部相衔接，形成了独特的造型。根据佩戴者身份的不同，文官与武官的帻在耳部的长度上有所区分，文官所用者略长。

"颜题"与"耳"结合后，再以巾覆盖其上，形成了被称作"屋"的隆起部分。因这一部分的形状与"介"字相仿，故得名"介帻"。而当"屋"呈现为平顶形态时，则被称为"平顶帻"。至东汉后期，又出现了一种前低后高的新样式——平巾帻，此变化主要由耳部高度提升而颜题相对较低所造成。

"介帻"的顶部结构，即冠体部分，被专门称为"展筒"。展筒前端装设有梁，梁的设计不仅具有装饰性，更重要的是作为区分佩戴者身份等级的重要标志。对于地位尊贵者，还可在帻上加戴特定的冠，冠的选用也需遵循严格的礼仪规范。

此外，在汉代社会，帻还承载着象征成年的文化意义。成年人佩戴带有"屋"结构的帻，而未成年人则佩戴无"屋"的帻，因此未成年人被称作"未冠童子"。

4. 衣与袍

（1）曲裾袍（图2-46）。汉代承袭秦制，将袍服确立为朝服的主要形式，此袍服沿袭深衣之制。在汉代男子的袍服体系中，可分为曲裾与直裾两种。曲裾袍，作为战国时期深衣的延续，在汉代依然保持着其独特的风格，尤其在西汉早期颇为盛行。然而，随着时间的推移，至东汉时期，男子穿着深衣已渐趋稀少，直裾袍逐渐成为主流。曲裾袍的特征显著，其袖型宽大，而袖口则采用收紧的设计，形成独特的造型。领部采用交领右衽的样式，领口较低，穿着时能够隐约露出内里的衣物，增添了一份层次感。袍服的下摆部分，常常打有一排细密的褶裥，部分款式更是将下摆裁剪成月牙形的弯曲状，既美观又富有特色。

图 2-46 汉代男子曲裾袍

（2）襜褕（图2-47）。即直裾袍，是一种男女皆宜的服饰。在汉代服饰演变进程中，随着有裆裤子逐渐取代无裆裤子，原先用于遮掩无裆裤的曲裾袍之裹缠式长衣襟设计显得不再必要。因此，结构更为简约、线条流畅的直裾袍开始崭露头角，并逐渐取代曲裾袍，成为新的服饰风尚。这一转变不仅反映了汉代服饰审美的变迁，更体现了人们对服装实用性的更高追求。

图 2-47 汉代襜褕

襜褕最早出现于西汉时期，至东汉时则蔚然成风。然而，在其初创阶段，襜褕并未被视作正式礼服，这一地位直至东汉时期才得以确立，最终取代了曲裾袍的正式礼服地位。

（3）禅衣（图2-48）。也称"单衣"，乃汉代正服的一种，其形制与深衣相仿，男女皆宜穿着。禅衣与深衣之主要区别在于结构细节：深衣设计有内衬，以增强服饰的层次与保暖性；而禅衣则无此

图 2-48 西汉曲裾素纱禅衣（长沙马王堆出土）

内衬设计，以其轻薄透气之特性见长，更适宜于温暖或需轻便着装的场合。

（4）襦（图2-49）。作为汉代广泛流行的日常服饰，其设计采用交领右衽的样式，衣身较短，不区分性别，便于穿脱，符合日常活动的便捷性需求。此服饰根据季节与气候的变化，有单、棉两种不同材质之分，从而确保了其在一年四季中的广泛适用性。在汉代社会，襦不仅是士人阶层的日常选择，也深受广大劳动者的喜爱。然而，劳动者所穿着的襦，通常采用麻丝等较为粗糙的纤维织成，称为"褐"或"短褐"（图2-50），这既反映了当时社会服饰材质的多样性，也体现了不同社会阶层在服饰材质选择上的差异。

图2-49　墓直裾长襦（长沙马王堆出土）

图2-50　汉代短褐

5. 下裳

汉代时期，裤子的结构与设计得到了显著的完善与发展。汉代男子所着的裤子，初期裤裆设计极为浅短，穿着时脐部往往外露，且未设裤腰，裤管则显得颇为宽松。随后，裤腰部分逐渐加长，可延伸至腰部，并增设了裤裆，但此时裤裆并未缝合，而是通过在腰部系带以固定，这种设计类似于现代儿童的开裆裤，称作"绔""袴"（图2-51）。为了遮掩裤裆部分，汉代男子常在外层围以裳，即裙子。汉代的裤装根据长度可分为两类：长裤与短裤。

（1）长裤。又称"裤"，其设计已具备完整的裤裆，长度自腰部延伸至脚踝，裤脚处常以绳索束紧，形成类似现代"灯笼裤"的样式。

（2）短裤。则称作"犊鼻裤"，其形制上宽下窄，极为短小，且两侧设有开口，整体形状颇似牛鼻，故得此名（图2-52）。犊鼻裤常与襦搭配穿着，成为汉代服饰文化中的一道独特风景。

6. 佩绶（图2-53）

在汉代，佩绶作为官员身份与官阶的重要标志，承载着深厚的政治与文化意义。官员们常于腰间佩戴装有官印的囊，而用以系挂此印的绶带，即

图2-51　汉代的袴装

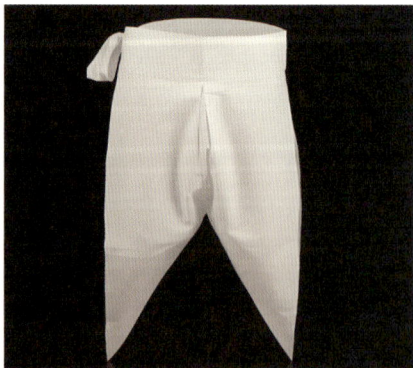

图2-52　汉代的犊鼻裤

被称为"绶"。绶不仅是实用性的佩饰，更是汉代官员权力与地位的象征性物品。

绶的纺织稀密、长短以及色彩，均有严格规定以区分官职的高低。其中，紫色绶带尤为尊贵，成为高级官员的专属标识。据《汉书·百官公卿表》记载，相国、丞相等高官均佩戴金印紫绶，彰显其显赫地位。而在《史记·范雎蔡泽列传》中，也有"怀黄金之印，结紫绶于要（腰）"的描述，进一步印证了紫绶与高官显爵的紧密联系。

印绶在汉代社会生活中扮演着举足轻重的角色，它不仅是官员身份的证明，更是权力交接与行使的重要媒介。当时社会依据官员所佩印绶来判断其地位与权力，这一制度深刻反映了汉代政治文化的特点。因此，佩绶制度不仅体现了汉代官阶的等级划分，也映射出当时社会对权力与地位的崇尚与追求。

7. 履

汉代鞋履种类繁多，设计精巧，主要可分为高头或歧头的丝制鞋履，这些鞋履上常绣有精美的花纹，展现出高超的手工艺与审美趣味。同时，也有由葛麻材质制成的方口方头单底布履，简约而实用。

汉代鞋履不仅注重实用性，更有着严格的礼仪规范。根据穿着场合与身份的不同，鞋履的穿着有着明确的规定。例如，舄作为官员祭祀时专用的鞋履，体现了对祭祀活动的尊重；履则是上朝时穿着的正式鞋履，彰显了官员的威严与地位；屦则作为居家时穿着的便鞋，注重舒适与自在；而屐则专为出门行路所设计，其特点如颜师古所注："屐者，以木为之，而施两齿，可以践泥"，既实用又便于行走。

汉代鞋履的多样性与规范性，不仅反映了当时社会生活的丰富多彩，也体现了汉代礼仪文化的严谨与细致。

图 2-53 佩绶的北洞山汉墓陶俑

（三）汉代女子服饰特点

1. 贵族女子服饰特点

（1）深衣（图2-54、图2-55）。深衣作为东汉时期女子礼服体系的重要组成部分，其穿着规范严格遵循等级制度。据史载，太皇太后、皇太后及皇后在祭庙场合需身着深衣式礼服。而年度祭蚕仪式上，历代三位皇后亦需统一穿着深衣式礼服参与，此礼服同时兼具皇后朝服之功能。此

图 2-54 汉女直裾深衣

外，贵人于助祭仪式中所着礼服同样为深衣，公卿至二千石级别的官员之妻在助祭时亦需穿着深衣。

汉代贵族妇女所穿着的深衣制礼服，其身份与地位的象征主要通过服饰的色彩搭配、图案设计、面料质地以及头饰、配饰的选用等细节来体现。在具体设计上，汉代女子所穿的深衣衣长曳地，行走间不会显露鞋履；衣袖设计有宽窄两种款式，袖口常饰以镶边。衣襟的绕襟层数在传统基础上有所增加，腰部紧裹，于衣襟角处缝制绸带并系于腰臀之间，下摆则呈现出喇叭状，巧妙地凸显了女性的身体曲线美。尤为值得一提的是其衣领设计，采用交领形式且领口开得较低，露出内层衣物的领子，层层叠叠，多达三层，时人称为"三重衣"，展现了汉代服饰文化的独特韵味与审美追求。

图 2-55 汉女曲裾深衣（长沙马王堆出土）

（2）褂衣（图 2-56）。褂衣作为古代女子日常穿着的服饰，其形制与深衣相仿，特色在于其底部设计，通过衣襟的巧妙曲转盘绕，形成了两个醒目的尖角。据《释名·释衣服》权威记载，妇人所着之上衣称为褂，其下部垂坠之部分，呈现出上宽下窄的独特形态，宛如古代礼器刀圭之状。实质上，褂衣是采用斜裁技法精心裁制而成的长款襦衣，其显著特征在于两侧附有上宽下窄的斜幅，自然垂落，形态宛若刀圭，因此得名褂衣。此设计不仅体现了古代服饰制作的精湛工艺，也彰显了古代女性服饰的独特韵味与审美倾向。

图 2-56 汉女褂衣

（3）禅衣。西汉直裾素纱禅衣是上衣下裳连缀的深衣样式，右衽交领、直裾。以素纱为衣料，几何纹绒圈锦为缘饰，其方孔纱的织物孔眼均匀，布满整个织物表面，织物密度稀疏，经线密度为每厘米 58 根，纬线密度为每厘米 40 根，因此素纱孔眼大，透光面积在 75% 以上，每平方米织物仅重 12 克，质地轻柔透亮。

2. 民间女子服饰特点

（1）襦裙（图 2-57）。1957 年在甘肃武威磨

图 2-57 甘肃武威磨咀子汉墓中出土的襦裙

咀子汉墓中出土了襦裙实物。襦裙作为一种与深衣上下连属制相异的服饰形制，采用的是上衣下裳的设计。其历史可追溯至战国时期，并在汉代得到延续，成为当时妇女的常服，构成了中国妇女服饰的重要组成部分。襦裙的特点在于其上衣（襦）极为短小，仅及腰部，采用斜领与窄袖设计；而下裳（裙）则长至曳地，由四幅未经染色的素绢拼接而成，呈现上窄下宽的剪裁，且不加边缘装饰。裙腰两端附有绢条，便于系结。汉代襦裙的整体风貌与现今朝鲜族的传统服饰有着显著的相似之处。

在汉代，女性的下裳除了裙子之外，还常配以绢带。早期的女性裤装仅由两个裤管组成，无裤裆设计，上端以带子系紧。随后，出现了前后有裆并带有缚带的裤装，称作"穷裤"，尤为宫廷女性所青睐。

东汉之后，随着深衣的广泛流行，穿着襦裙的女性逐渐减少。然而，到了魏晋南北朝时期，襦裙再次兴起，并自此持续盛行，直至清代。尽管各个朝代根据各自的时代特征对襦裙的长短、宽窄进行了调整，但其基本形制始终保持不变。

（2）舞女大袖衣（图2-58）。汉代舞乐艺术发展显著，涌现出专业歌舞艺人，以供封建贵族阶层观赏。在汉代的雕塑、壁画、石刻及砖刻等多种艺术形式中，均可观察到这一时期的歌舞文化繁荣景象。其中引人注目的是汉代歌舞伎所穿着的一种特色服饰——大袖衣，也称"水袖"。此服饰特征鲜明，是一种曳地长袍，其突出特点是在袖口延伸出一段，再各装一只窄而细长的假袖，这种设计增加了舞姿的优雅与灵动。

图2-58 汉代舞女大袖衣

3. 女子发式（图2-59）

根据现存的文物与史料记载，汉代女子发式以平髻为主流，此发式在日常装扮中倾向于简约，通常不加繁复梳裹与装饰，而是采用顶发左右平分的样式，展现出一种自然朴素的美感。相较于平民女子，贵族女性则更倾向于选择高耸的发髻，以彰显其身份与地位。汉代女子发式多样，其中具有代表性的包括堕马髻、望仙九鬟髻、分髾髻、凌云髻、垂云髻、盘桓髻以及百合髻等，这些发式不仅体现了汉代女性的审美倾向，也反映了当时社会的文化风貌与等级制度。

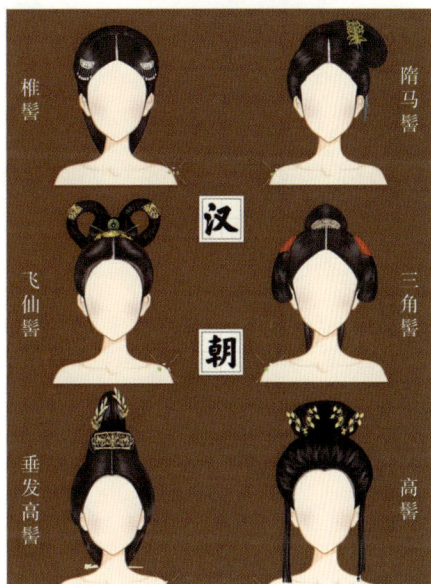

图2-59 汉代女子发式

4. 女子妆式

（1）步摇（图2-60）。作为一种精致的簪钗附属装饰，步摇以其独特的摇曳生姿而著称。汉代石刻与帛画中的步摇形象，展现了其华丽风采。自汉代始，步摇便广受欢迎，直至唐代仍被贵妇们视为美发装饰的佳选，且其华丽程度随时代演进而愈发繁复。

（2）巾帼（图2-61）。在汉代正规场合，命妇们常梳剪氂（máo）帼、绀缯帼等特定发式，其中的"帼"指巾帼，一种特殊的假髻装饰。巾帼不同于传统假发编织的发髻，它是以丝帛、氂毛等材质制成的假发饰物，内嵌金属框架，佩戴时只需套于头上并以发簪固定，形似一顶精美的帽子。例如，广州市郊东汉墓出土的舞俑，其头上所戴的特大"发髻"及底部圆箍，便是巾帼的生动写照。

（3）笄、簪、钿、钗、华胜与擿。古代妇女常用笄来固定发髻，而簪则是笄的升级版，头部饰以精美纹饰，材质多样，如金、玉、牙、玳瑁等，常制成凤凰、孔雀等吉祥形状。华胜（图2-62）则是以花草形态制成的装饰物，可插于髻上或缀于额前，汉代时更以贴金叶或翡翠鸟毛增添光彩，形成独特的贴翠工艺。擿则是一种具有搔头功能的簪子，据《西京杂志》记载，汉武帝曾取女子玉簪搔头，此后宫人纷纷效仿，以玉簪为搔头之选。

图 2-60　汉代步摇

图 2-61　广州市郊东汉墓出土的舞俑

图 2-62　汉代华胜

（4）梳与篦（图2-63）。梳篦作为日常梳理头发的工具，在汉代同样展现出精湛的工艺与审美价值。湖南长沙马王堆1号西汉墓中的象牙梳篦，呈马蹄形，尺寸精确，梳齿与篦齿细密均匀，体现了汉代梳篦制作的高超技艺。

（四）汉代丝绸

汉武帝刘彻统治时期，汉王朝达至鼎盛，其疆域从中原拓展至西域（涵盖今新疆维吾尔自治区及中亚区域）。为加强对外联系，汉武帝派遣张骞两度出使西域，由此开辟了以长安（现西安）为起点，穿越甘肃、新疆，直至中亚、西亚，

图 2-63　汉代梳与篦

并最终与地中海各国相连的陆路通道——丝绸之路。丝绸之路的开辟促进了汉代丝绸的海外输出，引发了西方上层社会的"中国丝绸热"，奠定了中国丝织品在国际市场的显赫地位并产生了持久影响。此时期，汉代养蚕织丝技术实现大规模发展，织绣品种与品质相较于战国时期有了显著提升，是中国丝绸史的一个重要转折点。

1. 汉代的刺绣和织锦

在丝绸品种分类上，汉代展现出更为精细的划分。丝织品统称"帛"，下分绢、素、练、纨、缣、缟、缦、绸、绮、绫、纱、罗、锦、织成等十余种。具体而言，"绢"为生丝平纹织物，"素"为白色生绢，"练"为洁白熟绢，"纨"为精细绢类，"缣"为双丝细绳，"缟"为未染色绢，"缦"为无纹无色的丝织物，"绸"为质地细密而不轻薄的丝织物。此外，"绮"为织有素纹的丝织物，"绫"则光如镜面，带有花卉图案；"纱"为纺丝轻织之物，轻薄者称纱，皱缩者称縠；"罗"为轻薄滑爽、花纹雅致的透气丝织物；"锦"为彩色大花纹提花织物；而"织成"则是一种名贵织物，类似纬线起花、双面花纹一致的缂丝制品。

汉代丝织技术已迈向技能专业化，工艺流程日趋复杂，技能分工愈发精细，涵盖缫丝、捻丝、纺线至织造、印染、刺绣等各个环节，均发展出高度专业化的技能与配套的工具、设备及材料。

2. 汉代的丝绸纹样

汉代丝绸纹样设计以流动而富有张力的波弧线为结构基础，巧妙地融合了动物、云气、山岳等多元化主题，呈现出一种浪漫古朴而又充满力量的美学风格。同时，纹样中巧妙嵌入的"万寿如意""长乐明光"等吉祥铭文，不仅丰富了纹样的文化内涵，也寄托了古人对生命永恒、家族兴旺的美好祈愿，体现了中国传统服饰文化中的符号象征与精神追求。

尤为值得一提的是，云气纹（图2-64）在汉代服饰纹样中占据着举足轻重的地位。它超越了单纯的故事叙述，而是通过造型的变幻与组合，传达出深邃的寓意。云气纹分为西

图2-64　汉代的云气纹

汉前期的纯粹云气纹与东汉时期的云气灵兽组合纹，前者以单个纹样为中心，通过旋转与循环的构图手法，将变体云纹与植物蔓枝纹巧妙融合，形成流动不息的云气图案，这种图案在马王堆、日照海曲等汉墓出土的织绣品中得到了生动展现，不仅体现了汉代服饰艺术的精湛技艺，也为我们的服饰文化符号保护与创新提供了宝贵的实践案例。

三、魏晋南北朝时期服饰文化符号解读

（一）魏晋南北朝时期服饰发展变革

魏晋南北朝时期是中国历史上一个战争频繁、民族迁徙与融合的重要阶段。作为社会变迁与民族文化交流的缩影，这一时期的服饰文化呈现出独特而丰富的面貌。服饰不仅是身份地位的象征，更是民族融合与文化碰撞的直观体现。

在统治阶级层面，封建服饰文化基本遵循秦汉旧制，但少数民族首领在建立政权后，为炫耀其身份，纷纷改穿汉族统治者所制定的华贵服装，如北魏孝文帝的服饰改制便是典型代表。这种服饰文化的转移，不仅体现了政治权力的更迭，也反映了民族间文化的相互借鉴与融合。

与此同时，在实用功能方面，胡服以其便于活动、实用性强的特点，逐渐在汉族劳动者阶层流行。裤褶、裲裆、袖衫和披风等北方游牧民族的服装元素，因其功能的优越性而被汉族人民所采纳，丰富了汉族传统的服饰文化，形成了胡汉服饰并存共融的独特景象。

此外，玄学作为魏晋南北朝时期的主要哲学思想体系，对服饰文化产生了深远影响。追求"仙风道骨"的飘逸和脱俗，"褒衣博带"成为当时服饰风格的主流。魏晋南北朝服饰一改秦汉的端庄稳重之风，形成了独特的褒衣博带之势，无论是王公贵族还是平民百姓，都追求轻松、自然、随意的穿衣风格，体现了人们对自由与超脱的向往。

（二）魏晋南北朝时期男子服饰特点

1. 褒衣博带与魏晋风度

魏晋时期文人雅士追求个性解放与精神自由，其审美意识与服饰风格发生了显著变化。他们摒弃了传统礼法的束缚，强调返璞归真、一任自然，这种思想在服饰上表现为对宽松、自然服饰的追求，形成了"褒衣博带"的普遍服装形式。对人的评价不仅限于道德品质，而是纷纷转向对人的外貌服饰、精神气质的综合评价，他们以服饰的外在风貌来彰显其高尚的内在人格，追求外在形象与内在精神的和谐统一，形成了一种独特的风格，即历史上著名的"魏晋风度"。

（1）大袖衫（图2-65）。魏晋时期，社会风气深受道教与玄学影响，追求超凡脱俗、飘逸如仙的"仙风道骨"风范，这一审美倾向在服饰上得到了鲜明体现，尤其是"大袖

图 2-65 魏晋南北朝时期大袖衫

衫"的盛行。此时期男子所着大袖衫,与秦汉时期的袍服在结构设计上存在显著差异:秦汉袍服设有祛部,即用以收紧袖口的袖头部分,而魏晋大袖衫的袖口则采用了更为宽松、开放的敞袖设计,摒弃了袖祛的束缚,使得服装整体呈现出更为宽博、流畅的线条。从款式上区分,大袖衫分为单衣与夹衣两种类型,材质上则涵盖了纱、绢、布等多种选择,色彩上尤以白色为贵,不仅在日常穿着中广受欢迎,甚至在喜庆如婚礼等场合也常被选用作为礼服,体现了白色在魏晋服饰文化中的独特地位与广泛应用。

(2)襦。襦是比袍、禅衣都短的上衣。在中原地区的传统着装习惯中,襦常常与裤装搭配穿着,形成了一种具有地域特色的服饰组合。襦的穿着跨越了社会阶层与年龄的界限,无论是贵族还是平民,长幼皆宜。这种服饰的普及性体现了其在魏晋时期社会文化中的普遍影响力。

2. 冠、巾、帽

(1)漆纱笼冠(图2-66)。漆纱笼冠是魏晋南北朝时期极具代表性的冠饰,其历史渊源可追溯至汉代,并在该时期达到流行高峰,成为男女皆宜的服饰配件。该冠饰的制作材料为黑漆细纱,因此得名"漆纱笼冠"。漆纱笼冠的特点是平顶,两侧附有垂耳,底部则以丝带系结。漆纱笼冠的制作工艺精湛,首先在小冠上覆盖一层经纬稀疏而轻薄的黑色丝纱,再涂抹黑漆,使之立体挺立,内部的小冠隐约可见。

(2)小冠(图2-67)。魏晋时期,汉代盛行的帻依旧保持其流行态势,然而,这一时期的帻在形制上发生了显著变化,其后部被加高,整体体积逐渐缩减并集中于头顶区域,当时称为"平上帻"或"小冠"。小冠的设计前低后高,中空如桥,其造型简洁实用,不受社会等级的限制,适用于各个阶层。当在小冠之上覆以黑色漆纱时,便形成了"漆纱笼冠"。

(3)进贤冠。作为魏晋南北朝时期文官的重要礼冠,其历史渊源可追溯至汉代,并在晋代得到了进一步的发展与应用。与汉代的进贤冠相比,晋代开始将冠梁的数量增至五梁,作为天子行冠礼时的专用礼冠,这一变化标志着进贤冠在礼制中地位的提升。进贤冠的结构特征为前高后低,顶部平坦,两侧原为分开的"耳",在晋代有逐渐增高并合拢的趋势,这一变化反映了冠饰形制的演进。

图 2-66 漆纱笼冠

（4）幅巾（图2-68）。幅巾，作为一种独特的头饰形式，起源于东汉后期，并历经魏晋时期，广泛流传于士人与庶民阶层之中，成为当时社会服饰文化的一个重要组成部分。幅巾的特点在于其简约而不失雅致，仅以一块丝帛束于首部，既体现了古代士人追求自然、洒脱的生活态度，又蕴含了深厚的文化意蕴。

（5）帽子。帽子在南朝时期得到了广泛的应用与发展，成为首服中的重要组成部分。帽子的种类丰富，主要类型包括：

①白纱高顶帽（图2-69）：主要用于宴见朝会等正式场合，其特点是帽体高耸，由白纱材质制成，象征着身份与礼仪的庄重。

图 2-67　戴小冠的乐人（出土的北朝　　图 2-68　魏晋幅巾　　图 2-69　阎立本所绘《历代帝王
　　　　　陶俑实物）　　　　　　　　　　　　　　　　　　　　　　图》中戴白纱帽的男子

②黑帽：为仪卫所戴，其设计简洁而实用，主要用于仪仗队伍，展现了军事与仪仗的严肃性。

③大帽：具有遮阳挡风的实用功能，在日常出行中被广泛使用，其设计考虑了实用性与舒适性。

3. 履、屐、靴

魏晋南北朝时期，作为多民族服饰交融与展示的辉煌时期，履、屐、靴等足衣以其独特的地理分布与生活习俗为背景，呈现出丰富多彩的样式与深厚的文化内涵。

（1）履。魏晋南北朝时期，履的形制在继承汉代的基础上有所发展，出现了新的样式。无论男女或君臣，高头履成为普遍的足衣选择（图2-70）。

（2）屐。由于南方地区气候湿热，履在南方多有不便，因此屐在江南一带尤为流行。木屐，为前后带齿的木板鞋，鞋帮呈船形，木齿较高，具有防滑、防跌的作用。南朝时期，

图 2-70　魏晋时期高头履

出现了新式木屐"谢公屐"（图2-71），由南朝诗人谢灵运发明。谢公屐是一种前后齿可装卸的木屐，专为登山设计，上山时抽去前齿，下山时抽去后齿，以增加行走的平稳性、舒适性和省力性。

（3）靴。靴原为北方游牧民族所穿，南北朝时期成为流行的足衣（图2-72）。靴子以其合脚的优点，自西汉以来，一直被中原地区的汉族军人穿用。靴的流行，反映了北方民族服饰文化对中原地区的影响，同时也显示了服饰文化在实用性和功能性上的发展。

（三）魏晋南北朝时期女子服饰特点

1. 女子常服样式

在魏晋南北朝时期，女装风格深受个性解放与玄学盛行的影响，展现出轻薄飘逸的特点。此时期的女装在继承秦汉传统的基础上，融合少数民族服饰元素，形成了奢靡独特的风貌。女装整体呈现窄瘦与宽博两种风格，具体表现为上俭下丰的窄瘦式或褒衣博带的宽博式。妇女日常穿着的主要样式包括杂裾垂髾、帔帛、襦裙、衫、袄等，这些服饰不仅体现了当时的社会风尚，也展现了魏晋南北朝时期女装的多样性和创新性。

（1）杂裾垂髾（图2-73）。杂裾垂髾是魏晋时期最具代表性的女装款式之一，其起源可追溯至传统深衣的变制。在魏晋时期，尽管男子已不再普遍穿着深衣，但妇女间仍有穿着并进行了创新。这种服装的创新主要体现在下摆的设计上，将下摆裁成数个三角形，上宽下尖、层层相叠，形似旌旗，因而被称为"垂髾"。垂髾周围点缀以飘带作为装饰，飘带较长，走动时带动下摆尖角随风飘起，如燕子轻舞，因此又有"华带飞髾"的美称。到了南北朝时期，曳地的飘带被去除，而尖角燕尾被大大加长，使服装样式再次发生变化。

杂裾垂髾的面料多采用轻软细薄的罗纱等丝质材料，以追求若隐若现的飘逸效果。然而，由于面料过于轻薄，不具保暖性，人们将

图2-71 谢公屐

图2-72 北朝时期黄地彩绣方格纹靴

图2-73 杂裾垂髾女服展示图（《列女图》中贵妇所穿的杂裾垂髾服所绘）

多层衣裳组合穿用，并在外围绕一条极短的短裙进行收束，形成了另一种新式衣服——"抱腰"。

（2）襦裙（图2-74）。在魏晋南北朝时期，女子襦裙装经历了显著的演变，既承袭了秦汉时期的服饰传统，又融入了新的设计元素，展现出独特的时代风貌。上衣的剪裁趋于短巧与修身，衣身紧贴体线，呈现出细腻的曲线美。领型分为斜襟与对襟两种，巧妙地露出颈部与胸部的部分肌肤，增添了服饰的轻盈与优雅。衣袖设计别具一格，上部细长而紧致，至小臂处则骤然放宽，形成独特的视觉效果。同时，袖口、衣襟及下摆等处，均以不同色彩的缘边进行装饰，既丰富了服饰的层次感，又彰显了穿着者的品位与身份。

图2-74 魏晋妇女襦裙

下装裙子也在有限范围内发挥了极大的创新力，与魏晋女性柔美的形象相得益彰。部分裙子下摆延长，拖地而行，流露出飘逸与浪漫；另有裙腰提升，裙幅增大，并巧妙融入众多褶裥，整体呈现出上细下宽的喇叭状形态。这种"上俭下丰"的设计手法，不仅提升了视觉上的纵向高度，更赋予了穿着者以修长、纤细的美感。

2. 履、屐、靴

（1）履。魏晋南北朝时期女鞋的款式多样，材质丰富，涵盖了皮质、丝质、麻质等多种材料。鞋头设计尤为独特，包括凤头、聚云、五朵、重台、笏头、鸠头等高头式样，因此得名凤头履、笏头履、鸠头履、玉华飞头履、立凤履等。这些高头履不仅在实用性上防止衣裙挡脚，而且在装饰性上具有独特的审美价值，展现了当时鞋履设计的匠心独运。

（2）屐。屐在魏晋南北朝时期是妇女时尚的足衣之一。男女木屐的主要区别在于鞋头形状，初期男式木屐多为方头，而女式木屐则为圆头，象征着顺应之意，用以区分性别。然而，到了太康初年，妇女的木屐也开始采用方头设计，与男式木屐无异，这一变化反映了当时服饰文化中性别特征逐渐模糊的趋势。

（3）靴。靴在魏晋南北朝时期成为妇女服饰的一部分，尤其在北朝地区流行。据《邺中记》记载，石虎时期，女伎一千人组成的卤簿仪仗中，皆穿着"五文织成靴"。这种"五文织成靴"指的是一种软质材料制成的靴，其特点是色彩丰富，质地柔软，适合女性穿着。这种靴子的出现，不仅体现了当时服饰工艺的进步，也反映了社会风尚和审美趣味的变化。

3. 发式

魏晋南北朝时期，妇女的发式呈现出多样化的特点，其中一些具有代表性的发式包括蔽髻、十字大髻、灵蛇髻、飞天髻等。这些发式不仅反映了当时的时尚趋势，也是社会文化和审美观念的具体体现。

（1）蔽髻。蔽髻是一种流行于魏晋南北朝时期的假髻，其特点是高耸且装饰华丽。晋成公的《蔽髻铭》中描述蔽髻"南金翠翼，明珠星列，繁华致饰"，表明其上镶有金饰，且有严格的等级制度规定，非命妇不得使用。蔽髻的高度有时无法竖立，只好搭在眉鬓两旁，而普通妇女的假髻则相对简单，装饰也不如蔽髻复杂和华丽。

（2）灵蛇髻（图2-75）。灵蛇髻由魏文帝皇后甄氏所创，其特点是蟠曲扭转，形式灵活多变，无固定造型标准。《采兰杂志》记载，甄后入宫后，因绿蛇盘结一髻形于后前，后异之，因效而为髻，巧夺天工，故号为灵蛇髻。灵蛇髻的梳妆采用拧旋式梳妆法，将发掠至头顶，分成一股、双股或多股，然后盘曲扭转成各种环形。

（3）飞天髻（图2-76）。飞天髻受佛教人物服饰影响而流行，其特点是高而危、斜的形式，追崇飞仙式的三环高髻。妇女多在发顶正中分出髻鬟，梳成上竖的环式，因而有"飞天髻"之称。此外，当时有不少妇女模仿西域少数民族妇女，将头发梳成丫髻或螺髻，高耸于头顶之上。

图2-75　魏晋灵蛇髻　　图2-76　魏晋飞天髻

4. 面妆

魏晋南北朝时期，面部装饰成为贵族妇女追求美学表达的重要领域，一系列新颖独特的面妆样式应运而生，其中额黄妆、寿阳落眉妆、晓霞妆尤为瞩目，展现了当时女性审美文化的丰富性与创新性。

（1）额黄妆。额黄妆是南北朝时期最有特色的面妆之一。受佛教文化影响，妇女从佛像上获得灵感，将额头涂抹成黄色，称为额黄妆。有时用黄色的纸片或其他薄片剪成花的样子，粘贴在额头上，称为"花黄"。

（2）寿阳落眉妆。寿阳落眉妆据说由南朝宋武帝的女儿寿阳公主创始。据古籍记载，寿阳公主在含章殿檐下小憩时，梅花飘落额头，形成五瓣花状，三日不褪，宫女们觉得漂亮竞相效仿，故称为"梅花妆"或"寿阳落眉妆"。这种面妆对后世产生了影响，发展至唐宋两代，称为"花钿"或者"花子"，成为女性面部装饰的经典元素。

（3）晓霞妆。晓霞妆，作为魏晋南北朝时期另一著名面妆，其诞生颇具传奇色彩。据传，魏文帝宠爱的宫女薛夜来，在一次夜晚去见文帝时，不慎撞上水晶屏风，脸颊红肿如霞，却意外呈现出一种别样的美感。宫女们受此启发，纷纷以胭脂涂画脸颊，模仿这一自然形成的"晓霞"之色，从而创制了晓霞妆。

5. 配饰

（1）步摇。步摇，作为中国古代妇女首饰中的一种，属于簪、钗的装饰形式，其制作工艺精湛，以金银丝编织成花枝状，上缀珠宝花饰，并垂挂五彩珠玉。步摇的设计巧妙，当佩戴者行走时，随着步履的颤动，珠花随之摇曳生姿，因而得名"步摇"。这一首饰形式最早可追溯至先秦时期，至魏晋南北朝时期，其形制已发展得极为精致富丽，而且其使用已不局限于贵族妇女，民间女子亦可佩戴，这反映了当时社会对美的追求和首饰文化的普及。

（2）簪钗。魏晋南北朝时期，妇女的发髻形式趋向高大，发饰除了一般形式的簪钗之外，还流行一种专为支撑假发而设计的钗子。这种钗子在结构上往往强调承重功能，超过了装饰意义。

（3）蹀躞带（图2-77）。蹀躞带是魏晋南北朝时期流行的一种腰带，其起源可追溯至东汉晚期。这种腰带的设计初衷是为了方便佩挂随身携带的实用小器具，因此，在带鞓上装有铐和环，铐环上再挂几根附有带钩的小带子，这些小带子被称为蹀躞。魏晋南北朝时期的蹀躞带，其头部装有金属带扣，带扣上一般镂有动物纹样，并设有穿带尾用的穿孔，穿孔上装有可以活动的短扣针，这种设计使得腰带既实用又具有一定的装饰性。

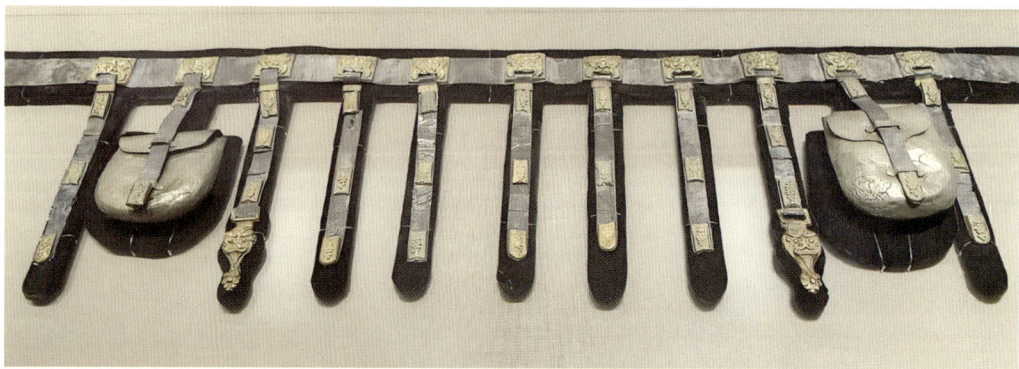

图2-77　魏晋时期蹀躞带

（四）魏晋南北朝时期北方民族服饰特点

魏晋南北朝时期，虽然汉族居民仍长期保留着自己的衣冠习俗，但随着民族间的交流与融合，胡服的式样也逐渐嵌入汉族传统衣装中，从而形成了新的服装风貌。

1. 首服

北方少数民族在发式习俗上与汉族存在显著差异，他们并不采用汉族传统的束发成髻的方式，而是选择了编发成辫、自然披散或是部分剃发的独特风格。这种发式差异导致他们并不依赖冠、簪等汉族常见的头饰及相关的冠冕制度。相反，这些民族更倾向于佩戴各式各样的帽子作为头部装饰。根据《邺中记》《北史》等权威历史文献的记载，北朝时期存在多种具有民族特色的帽式，如"金缕合欢帽""突骑帽"等。

（1）合欢帽（图2-78）。合欢帽作为一种精致的丝织头饰，在魏晋时期蔚然成风。合欢帽以其严密的结构设计，通常由左右或上下两部分巧妙组合而成，不仅美观大方，而且具有良好的防寒性能，因此在北方少数民族地区广受欢迎，尤其适合与戎装或猎装搭配，彰显了佩戴者的英勇与豪迈。

图2-78　束皙《近游赋》中的合欢帽

（2）突骑帽（图2-79）。突骑帽作为一种源自西域的帽式，其风格独特，与后世的风帽有着诸多相似之处。最初，突骑帽可能是西域武士骑兵的专属装备，象征着冲锋陷阵的勇猛精神，如李贤所注"突骑，言能冲突军阵。"随着时间的推移，这种帽式逐渐普及至民间，成为大众喜爱的头饰之一。突骑帽的圆形顶部相较于合欢帽略显低矮，且配有垂下的裙披，佩戴时常用布条将顶部与发髻紧紧系扎，这一特征在史书中被形象地称为"索发之遗像"。女子所戴的突骑帽则呈现出不同的风貌，其帽顶高耸，由四片精心缝合而成，后部还附有下披的巾子，既实用又美观。

2. 主要服装样式

（1）裤褶（图2-80）。作为北方游牧民族的传统服饰，裤褶基本构成包括上身穿着的短身、细袖、左衽之袍，以及下身搭配的窄口裤，腰间则以革带束紧。这些特点与汉族服饰的宽袍大袖截然不同。在民族大融合的进程中，汉族逐渐接纳并改良了裤褶，将其原有的细窄衣袖拓宽为宽松肥大的样式，衣襟也由左衽改为右衽。因此，在魏晋南北朝时期的考古资料中，得以见到裤褶多样化的形态（图2-81）。

（2）裲裆（图2-82、图2-83）。裲裆最初是由北方少数民族军戎服中的裲裆甲演变而来，后逐渐演变成为日常穿着的衣物。其形制特点在于其无袖设计，仅由前后两片衣襟构成，正如《释名·释衣服》所描述："裲裆，其一当胸，其一当背也。"这样的设计旨在保

图2-79　戴突骑帽的北朝官吏(陶俑)

图2-80　北朝裤褶

图2-81　南北朝缚裤

图 2-82　南北朝裲裆

图 2-83　甘肃花海毕家滩 26 号墓中
出土的绯罗绣裲裆

持身体温度的同时，避免衣袖增加厚度，从而确保手臂活动的自如性。裲裆根据材质和用途的不同，可分为单、夹、皮、棉等多种类型，且为男女通用的服式。它既可作为内衣穿着于其他衣物之内，也可作为外套穿于交领衣衫之外，展现出多样的穿着方式。在文学作品中，这一服饰得到了生动的描绘。值得注意的是，裲裆这种服饰形式历经千年传承，至今仍在现代社会中广泛存在。在南方，它通常被称为马甲；而在北方，则更多地被称作背心或坎肩，继续以其独特的功能性和审美价值，在人们的日常生活中占据着重要地位。

（3）半袖衫（图2-84）。作为一种有短袖设计的上衣，其历史可追溯至魏晋时期。据《晋书·五行志》记载，魏明帝曾身着绣帽，搭配以缥（浅青色）纨制成的半袖衫与臣属会面。然而，由于半袖衫的材质与颜色选择——特别是缥色的运用，与当时汉族传统章服制度中对于礼服的规定相悖，因此一度被视为"服妖"，即不符合正统服饰规范的奇异装束。随着时间的推移，社会风俗逐渐变迁。至隋朝时期，半袖衫（常称"半臂"）已成为内官（即宫廷中的侍从、宦官等）广泛穿着的服饰。这一转变不仅反映了服饰文化的演变与融合，也体现了社会对于服饰审美与实用性的新认知与接纳。

（4）披风。作为一种古老而实用的服饰配件，其形制与后世的斗篷颇为相似，通常由一块长方形的织物构成，并配有带子用以在颈部收紧固定。披风的长度一般自肩头延伸至脚踝，具有遮风挡雨、防止尘土沾染的功能，是一种兼具实用性与装饰性的外罩服饰。值得注意的是，在考古发掘中，还发现了带有袖子的披风样式，这进一步丰富了披风的

图 2-84　魏晋半袖绮衣（汉晋·楼兰
方城东北壁画墓出土）

形态与穿着方式。在南北朝时期及以后的平民服装体系中，披风成为不可或缺的一部分，无论男女均可穿着，体现了其广泛的适用性和受欢迎程度。

（五）魏晋南北朝时期服饰纹样

魏晋南北朝时期，随着胡服的广泛流行，传统服饰纹样经历了一场前所未有的变革，不仅在内容上呈现出多元化趋势，形式上也发生了显著变化。其中，中亚与西亚风格的纹样尤为突出，如天王化身纹、宝相纹等，彰显了外来文化对本土服饰艺术的深刻影响。与东汉时期相比，这一时期的传统纹样制作技巧略显粗糙，未能达到前朝的精湛水平。

根据文献记载，魏晋南北朝时期的服饰纹样种类繁多，有大登高、小登高、大博山、小博山、大明光、小明光、大茱萸、小茱萸、大交龙、小交龙等，以及蒲桃文锦、斑文锦、凤凰锦、朱雀锦等特色锦缎。这些纹样既有对东汉传统的继承，也有对外来文化的吸收与融合，体现了当时服饰文化的多元性。

通过考察各地出土的南北朝纺织品实物及敦煌莫高窟壁画中的纹样，我们可以将这一时期的服饰纹样归纳为以下五种类型：

1. 传统汉式山云动物纹

此类纹样源自东汉，以紧凑流动的变体山脉云气为背景，间或分布着奔放写实的动物形象，并巧妙嵌饰吉祥文字。

2. 几何框架填充动物、花叶纹

此类型纹样利用圆形、方格、菱形及对称波状线构成几何框架，并在其内填充动物或花叶图案。虽然汉代已有此类纹样，但并未成为主流装饰形式。南北朝时期的填充动物纹多呈对称排列，动势较为收敛，而花叶纹则引入了忍冬纹等外来装饰元素。

3. 圣树纹

此类纹样将树形简化为类似叶子正视状的图形，具有鲜明的古代阿拉伯装饰风格特征，后来成为伊斯兰教中真主神圣品格的象征（图2-85）。

4. 天王化生纹

由莲花、半身佛像及"天王"字样组合而成，体现了当时宗教与服饰艺术的融合。

5. 小几何纹、忍冬纹、小朵花纹

这类纹样以圆圈与点子组合的中、小型几何图形及忍冬纹（图2-86）为代表，对日常服饰具有良好的适应性，对后世服饰纹样产生了深远影响。其形式新颖，与秦汉时期的传统纹样有显著差异，推测其流行与西域"胡服"文化的传入密切相关。

图2-85 北朝圣树纹锦（复制品）

图2-86 魏晋忍冬纹

第三节　隋、唐、五代时期

一、隋代服饰文化符号解读

隋代是中国历史上继南北朝之后的统一王朝。隋代国祚短暂，但隋朝政治制度的创新、军事成就的卓越、文化艺术的繁荣和经济发展的壮大，都为中国历史留下了浓墨重彩的一笔。隋代的服饰风格尚存南北朝之遗风，从各地出土的隋墓珍贵文物中可看到裲裆、袴褶等传统服饰的身影。隋文帝时期，厉行节俭，衣着简朴，不注重服装的等级尊卑，只强调"祭祀之服，须合礼经"。隋炀帝杨广即位后，崇尚奢华铺张，为了宣扬皇帝的威严，于大业元年即605年下诏"宪章古制，创造衣冠，自天子逮于胥皂，服章皆有等差。"恢复了秦汉时期的章服制度，为唐朝服饰发展奠定了基础。

（一）男子服饰特点

1. 恢复冕服上的十二章纹样

南北朝时按周制将冕服十二章纹饰中的日、月、星辰三章放到旗帜上，而服装上改成九章。605年隋炀帝即位，为了宣扬皇帝的威严，恢复了秦汉章服制度。隋炀帝将日、月分列两肩，星辰列于后背，又将日、月、星辰三章放回到冕服上，改成九章，恢复了从西周建立的十二章纹样。从此十二章纹样再次成为历代皇帝冕服的既定款式。

2. 改革冕冠

隋文帝在位时平时只戴乌纱帽，隋炀帝则根据不同场合戴通天冠、远游冠、武冠、皮弁等不同的冠，并制定了新的规定。冕冠的设计中，前后的冕旒象征着尊卑，其数量的多少直接反映了佩戴者的地位。具体来说，冕旒以青珠制成，皇帝的冕旒为十二旒十二串，亲王为九旒九串，侯为八旒八串，伯为七旒七串，三品官员为七旒三串，四品为六旒三串，五品为五旒三串，而六品以下官员则无珠串。除了冕旒，隋炀帝对其他冠饰也做了详细规定。例如，通天冠根据珠子的多少来表示地位高低，隋炀帝所戴的通天冠装饰有金博山；皮弁则用十二颗珠子装饰，太子和一品官九琪，下至五品官每品各减一琪，六品以下无琪；进贤冠以冠梁区分等级，三品以上三梁，五品以上二梁，五品以下一梁；谒者大夫戴高山冠，御史大夫、司隶等戴獬豸冠。

3. 百官服饰

在隋朝时期，百官的服饰制度体现了严格的等级划分和社会地位。文武官员的朝服由绛纱单衣、白纱中单、绛纱蔽膝以及白袜乌靴组成。在服饰的设计上，男子官服的单衣内襟领上衬有半圆形的硬衬"雍领"，这一设计细节增加了服饰的正式感和庄重性。官员的戎服颜色根据品级有所不同，五品以上的官员着紫色，六品以下则着绯色或绿色，小吏着青色，士卒着黄色，而商贩则着皂色。这种颜色的区分不仅体现了官员的等级，也反映了当时社会的职业划分。

隋代官员的服饰中，裤褶服是一种特殊的服饰，允许官员随驾穿着，唐初官员也曾穿着朱衣、大口裤入朝。然而，到了上元十五年，裤褶服因其不符合古礼而被禁止。武官的服饰则以大袖襦、大口缚裤为主，搭配虎皮柄裆铠和靴子，头戴介帻。

4. 常服

隋朝男子常服出现了一种长至膝下、介于长袍与短衣之间的上衣，即大褶衣（图2-87）。大褶衣保留了裤褶窄袖、紧身、束腰的特征。领部从原来的高圆领、有缘边，演变为低圆领、无缘边。大褶衣的束腰，一般可用韦带，无任何装饰；也可用蹀躞带。在大褶衣膝下部位加一横栏，以象征古代上衣下裳的分制，称为"襕衫"。

图 2-87 隋朝士人襕衫与侍从大褶衣

5. 军戎服饰

隋朝建国时间短，因此很多方面仍基本沿袭南北朝时期的旧制，军戎服饰更是如此。在隋一代，铠甲使用最普遍的仍然是两裆铠（图2-88）和明光铠（图2-89）。两裆铠的结构有所进步，一般身甲用小甲片编制而成，长度延伸至腹部，这一改进加大了对腰部以下的防护。

图 2-88 隋代两裆铠　　　　　图 2-89 隋代明光铠

（二）女子服饰特点

隋朝妇女的裙子样式基本承袭南北朝时的风格，曳地的长裙在隋朝特别受到妇女的欢迎。女子多着小袖高腰长裙，裙系到胸部以上（图2-90）。发式上平而阔，或做三叠平云状，洛阳出土隋俑和敦煌壁画中所见的形象大体如此。

隋唐时期，间色裙为妇女所采用，以红色间隔为主。隋朝条纹较粗，唐朝逐渐变得细密。间色裙常被剖成12间道，俗谓"十二破"（图2-91），"破"即"剖"的意思。据说这种裙子为隋炀帝时所创，在当时有"仙裙"之美誉。唐刘存《续事始》引《实录》"炀帝作长裙，十二破，名仙裙"的记载。隋朝的女子流行半臂，这是将短袖衣服套在长袖衣服外面的穿法，与半臂相配的就是"仙裙"。间色裙多为两色相间，也有三种及以上相间的。

图2-90　隋朝女子长裙

二、唐代服饰文化符号解读

唐代有许多举世瞩目的成就，唐初推行的"均田制"的土地分配和"租庸调"的租赋劳役制度，经贞观、开元两个阶段，出现了经济空前繁荣的景象；唐代疆域博大，政令统一，连通四海，有着"万国衣冠拜冕旒"的辉煌地位与威严；唐代的文学艺术空前繁荣，唐诗、书法、洞窟艺术、工艺美术、服饰文化都在华夏传统的基础上，吸收融合域外文化而推陈出新。这些社会历史因素共同促进了唐代服饰文化的繁荣与发展，使得

图2-91　间色裙"十二破"

唐代服饰成为中国服装史上一次重要的服饰变革，对后世产生了深远的影响。

（一）唐代男子服饰特点

唐高祖李渊于武德七年（624年）颁布了著名的"武德令"，其中涉及服装律令，该律令在很大程度上继承了隋朝的旧制。在唐代，祭服和朝服基本与隋代相同，但在形式上更加富丽华美，体现了唐代服饰的精致与繁荣。唐代的一般场合所穿的公服和燕居的生活常服，融合了南北朝以来在华夏地区流行的胡服，特别是西北鲜卑族服装及中亚国家和地区服装的特点，与华夏传统服装相结合，创造出具有唐代特色的新形式。

唐代男子的主要服装样式包括圆领袍衫、幞头、革带和长勒皂革靴，这些服饰的配套使用，不仅体现了唐代服饰的实用性，也彰显了其审美特征。尽管唐代男装款式相对单一，但在服色上有着详细严格的规定，反映了唐代服饰制度的严谨性。这些规定不仅体现了服饰的美学价值，也映射出唐代社会的等级制度和文化特征。

1. **圆领袍衫**

圆领袍衫（图2-92），也称团领袍衫，作为唐代服饰文化中的标志性服饰，不仅承载着深厚的传统文化底蕴，更是唐代社会等级制度在服饰上的具体体现。此服饰采用上衣下裳连属的深衣制设计，圆领、右衽的样式简洁而大方，领、袖及衣襟处的缘边以及前后衣襟下缘的横襕，既体现了对传统服饰的继承，又彰显了唐代服饰的独特韵味。

圆领袍衫的穿着群体广泛，上至天子，下至百官士庶，皆可穿着，但其款式与细节却按照穿着者身份的不同而有所差异。文官之袍长至足踝或及地，武官之袍长略短至膝下，袖子的宽窄也随时尚而变，既有单衣之轻盈，又有夹衣之保暖。穿此袍衫时，头戴幞头，足蹬长勒皂革靴，腰束革带，整套服饰既体现了唐代男性的英姿飒爽，又蕴含了深厚的礼仪文化。

然而，圆领袍衫的简约设计也带来了一个问题，即难以像冕服那样明显地区分穿着者的等级。为了解决这一问题，唐代官员的袍服开始以颜色作为区分等级的主要标志。特别是黄色，因其与帝皇尊位的象征——日色相近，被赋予了特殊的政治意义。唐高宗时期，更是将赭黄规定为皇帝常服专用的色彩，其他臣民不得僭用，从此黄色成为帝皇的专属象征。

在此基础上，唐代对官员袍服的颜色进行了更为细致的规定。不同品级的官员，其袍服的颜色、材质以及腰带的材质和装饰都有严格的区别。亲王至三品官员的袍衫用紫色大科绫罗制作，腰带用玉带钩；五品以上用朱色小科绫罗，腰带用草金钩；六品以下则分别用黄色、绿色、青色等不同颜色的绫罗或丝布制作，腰带也有相应的规定。这一品色服制的确立，不仅丰富了唐代服饰文化的内涵，更为中国古代官服制度增添了新的内容，成为继冕服和佩绶制度之后，第三种能够有效区分等级的服饰标志。

2. **幞头**

幞头，又名"软裹"，是一种以黑色纱罗制成的软胎帽，其起源可追溯至北齐，当时称为"帕头"，至唐代始称"幞头"。最初幞头以纱罗为之，然其软而不挺的质地难以满足人们对头饰外形的固定需求。于是，唐代工匠巧妙地运用桐木片、藤草、皮革等材质，在幞头内部衬

图2-92　唐代圆领袍衫

以巾子——一种薄而硬的帽子坯架，从而确保了幞头外形的挺括与稳定。这一创新设计，不仅提升了幞头的佩戴效果，更为后世头饰制作提供了宝贵的借鉴。

唐封演《封氏闻见记·卷五》中提到："幞头之下别施巾，象古冠下之帻也。"裹幞头时，除了在额前打两个结外，还在脑后扎成两脚，自然下垂。随后，取消了前面的结，并采用铜、铁丝为干，将软脚撑起，成为硬脚。唐代时，皇帝所用幞头硬脚上曲，人臣则下垂，五代渐趋平直。

幞头的名称依据其式样的演变而定，起初为平头小样，《旧唐书·舆服志》中提到唐高祖武德时期流行"平头小样巾"。随后，幞头造型不断变化，武则天赐给朝贵臣内高头巾子，又称为"武家诸王样"。唐中宗赐给百官英王踣样巾，式样高耸且前倾。唐玄宗开元十九年（731年）赐给供奉官及诸司长官罗头巾及官样巾子，又称"官样圆头巾子"。到了晚唐时期，巾子造型变直变尖。幞头由一块民间的包头布演变成衬有固定的帽身骨架、展角造型完美的乌纱帽，前后历经了上千年的历史，直到明末清初才被满式冠帽所取代。

幞头的形制变迁不仅反映了唐代服饰的演变，也体现了社会风尚和审美观念的变化。从软裹软脚幞头到硬裹硬脚幞头的发展，幞头的结构和装饰功能都发生了显著变化，这些变化不仅影响了幞头的穿戴方式，也对后世的服饰制度产生了深远的影响。

3. 男子军戎服装

初唐时期，军戎服装基本承袭了南北朝至隋代的样式与形制，体现了历史传承的连续性。随着贞观之治的开启，唐代社会进入了一个全新的发展阶段，服饰制度也随之进行了一系列革新。这一时期的军戎服饰，在保留传统元素的基础上，逐渐融入了唐代独有的审美风格与工艺技艺，形成了独具特色的唐代军戎服装体系。

唐高宗、武则天两朝，随着国力的鼎盛与社会的繁荣，上层阶级中奢侈之风日盛。这一时期的戎服与铠甲，虽然仍保持着其基本的军事功能，但更多地被赋予了美观豪华、装饰为主的礼仪性质。

然而，"安史之乱"的爆发，使得唐代社会再次回到了金戈铁马的时代。这一时期的军戎服装，重新回归到利于作战的实用状态。特别是铠甲的形制与材质，经过了不断地改进与优化，形成了晚唐时期基本固定的样式。据《唐六典》记载，唐代的铠甲种类繁多，包括明光甲、光要甲、细鳞甲、山文甲、乌锤甲、白布甲、皂绢甲、布背甲、步兵甲、皮甲、木甲、锁子甲、马甲等十三种。这些铠甲以其独特的甲片式样、制造材料与防护性能，满足了不同战场环境与作战需求。其中，铁甲与皮甲作为实战中的主要铠甲类型，以其坚固耐用、防护力强的特点，深受将士们的喜爱。而绢布甲虽然结构轻巧、外形美观，但由于其缺乏防御能力，更多地被用作武将平时的服饰或仪仗用的装束，体现了唐代军戎服装在实用与审美之间的巧妙平衡。

（二）唐代女子服饰特点

唐代作为中国封建社会的鼎盛时期，其经济的繁荣、文化的发达以及对外交往的频繁，加之世风的开放和域外少数民族风气的影响，使得唐代妇女在服饰上所受的束缚相对较少。这一独特的时代背景和社会氛围孕育了唐代妇女服饰的多样性和创新性，其款式丰富、色调艳丽、装饰手法新颖、风格典雅华美，成为唐文化的重要标志之一。

1. 襦裙服（图2-93）

唐代女子的襦裙服主要是指由裙、襦、衫、半臂、帔帛等搭配而成的服装样式。

（1）窄袖衫襦。初唐时期，女子服装以上穿窄袖衫或襦、下着长裙、腰系长带、肩披帔帛、足着高头鞋为主要时尚样式。窄袖襦、衫身长及腰或脐部，领型丰富，包括圆领、方领、鸡心领、直领、斜领、双弧领、翻领等，尤其是逐渐发展至一字敞开领，大胆展现了女性的肩、胸、背部线条，体现了唐代社会对女性美的开放态度。

（2）半臂与帔帛。半臂，又称"半袖"，是从短襦演变而来的服式，袖长介于长袖与无袖之间，一般为对襟，衣长与腰齐，并在胸前结带（图2-94）；帔帛，又称"画帛"，由轻薄纱罗制成，印有图纹，长度一般超过2米，披搭在肩上并盘绕于两臂之间，走起路来飘舞美观（图2-95）。

（3）袒胸裙衫。唐代的袒胸大袖衫（图2-96），又称"明衣"，因其薄而透明而得名。明衣原为礼服的一部分，后被当作外衣穿着，肌肤若隐若现，增添了唐代女子的风韵与性感。裙装腰高至胸部，袒露胸背，裙长曳地，造型瘦俏，展现形体美。

唐代襦裙服的色彩以绯、紫、黄、青等为流行，其中石榴红裙流行时间最长，后来，"石榴裙"成为妇女的代名词。唐代壁画中可见女子穿裙亭亭玉立的秀美形象。此外，裥裙、花笼裙和百鸟裙等也是具有代表性的裙式。裥裙由两种或以上色彩的裙料拼接而成，

图2-93 唐代短襦长裙帔帛

图2-94 唐代金衣蹙金绣半臂

图2-95 唐代帔帛

图2-96 唐代仕女画

花笼裙则用单丝罗上饰织纹或绣纹的花裙，罩在其他裙子之外穿用。唐中宗时期，安乐公主的百鸟裙被誉为中国织绣史上的杰作。这条裙子采用百鸟毛制作，白天和灯光下呈现出不同的色彩，正面和反面也各具特色，能够生动展现出百鸟的形态，堪称工艺的巅峰之作。

2. 女着男装

女着男装即女子全身仿效男子装束，唐代女着男装的服饰现象，是大唐文化博大精深、包容开放的具体表现（图2-97）。至开元天宝年间，女着男装之风更为盛行。《中华古今注》中"至天宝年中，士人之妻，著丈夫靴衫鞭帽，内外一体也"的描述，生动展现了当时女性穿着男装的社会普及程度。这种服饰现象不仅限于宫廷和贵族阶层，更广泛渗透到民间，成了一种普遍的社会风尚。

从出土的历史文物中，可以窥见唐代女着男装的独特魅力。金县（今辽宁省大连市金州区）公主墓葬中出土的女性骑马狩猎俑，身着白色圆领窄袖缺胯袍，腰系褡裢，足蹬黑鞠靴，英武中透露出温婉的气质，是女性穿着男装的典型代表。此外，唐永泰公主墓、韦顼墓的石椁线刻画，以及洛阳出土的唐代女着男装陶骑俑，均展示了女性在不同场合下穿着男装的多样风貌。这些女性或穿缺胯袍配高髻，或着袍裹幞头配花裤，或全身男装而面容柔媚，无一不体现出唐代女性对服饰的创新与个性追求。

3. 女着胡服

唐代女着胡服是唐代服饰文化中的一大特色，反映了当时社会的开放性和多元文化的交融（图2-98）。胡服的特征主要表现为翻领、窄袖、对襟，并且在领、襟、缘等部位缀

图2-97　唐三彩男装女俑　　　　图2-98　唐代胡服仕女俑
　　　　（洛阳博物馆藏）

有宽阔的锦边。唐代妇女所着的胡服不仅包括西域胡人装束，还涵盖了中亚、南亚等异国服饰特点，这与当时胡舞、胡乐、胡戏（杂技）以及胡服的传入密切相关。

唐代妇女对胡服的偏爱与胡舞的流行有着直接的联系。唐玄宗时期，胡舞、胡乐成为宫廷和民间的主要娱乐方式，杨贵妃、安禄山等均为胡舞能手，白居易《长恨歌》中的"霓裳羽衣曲"与霓裳羽衣舞即是胡舞的一种。这种对胡舞的崇尚使得民间妇女以胡服、胡帽为美，形成了"女为胡妇学胡妆"的风气。

4. 胡舞服

在唐代这一文化繁荣、艺术鼎盛的历史时期，舞乐成为社会生活中不可或缺的重要组成部分，而胡舞服的盛行更是为这一时期的服饰文化增添了浓郁的异域色彩。胡舞服服饰的设计追新求异，形式众多，为唐代舞蹈艺术的繁荣提供了丰富的视觉元素。在唐代洞窟壁画、雕塑、陶俑和绘画中，保存着丰富的胡舞服形象资料，这些形象资料不仅为我们展现了唐代胡舞服的实物形态，更为我们研究唐代服饰文化、了解唐代社会风貌与审美提供了重要线索。

图 2-99　唐代幂篱

5. 女子首服

（1）幂篱（图2-99）。幂篱是一种由黑色纱罗制成的长巾，最初用于全身障蔽，以应对北方民族地区的风沙。初唐时期，女子出门时为避免生人窥视其容貌，常佩戴幂篱。随着社会风气的开放，幂篱逐渐被更为便捷的帷帽所取代。

（2）帷帽。贞观年间，随着对外交往的扩大，西域及邻国商人、留学生纷纷来唐，带来了异国情调的装束，其中包括高顶阔边、帽檐下垂透明纱罗的帷帽（图2-100）。开元年间，宫人乘车骑马均戴帷帽，而到了天宝年间，妇女甚至不再佩戴帷帽，直接在外骑马飞奔，反映了唐代妇女摆脱束缚、追求自然的思想。

图 2-100　复原作品唐彩绘骑马戴帷帽仕女俑

（3）胡帽。又称"浑脱帽"（图2-101），是胡服中首服的主要形式。最初是游牧民族用小牛皮制成，后来演变成用锦缎或乌羊毛制成，帽顶呈尖形。胡帽的流行，不仅丰富了唐代女子的首服选择，更促进了不同民族在服饰文化领域的交流与融合。

6. 唐代女子鞋履

尽管唐代已经开始崇尚小脚，但许多女子仍保持"天足"，使得鞋履样式在继承前代基础上，又融入新的文化元素与审美倾向，形成了独具特色的唐代女子鞋履风貌。

图 2-101　胡帽

（1）高头履。唐代妇女最典型的时尚鞋履之一，其特征是履头高翘。例如，云头履因其高翘翻卷、形似卷云而得名，男女均可穿着。新疆阿斯塔那唐墓出土的唐代云头锦履（图2-102），展示了当时鞋履的精致工艺。重台履则是另一种具有特色的高头鞋履。其履头高翘，又在上部加重叠山状，顶部为圆弧形，男女均可穿着。

（2）乌皮靴。唐代与西北各族交往频繁，西域民族的服饰也影响了汉族服饰，使唐代的鞋样有了新的变化。时尚女子常用彩色皮革或多彩织锦制成尖头短靴，有的还在靴上镶嵌珠宝。乌皮靴，又称乌皮六合靴，由六块皮子缝合而成，因皮革在缝合前已被染黑而得名，盛行于唐代，不论贵贱均可穿着（图2-103）。

（3）线鞋。唐代女子喜爱的另一种鞋式，制作简单、舒适耐用，几乎存在于整个唐朝时期各个阶层的女性生活中（图2-104）。线鞋的普及，反映了唐朝女性生活方式的一种缩影，体现了开放的思想和对自由的追求。

图 2-102　唐代云头锦履　　　图 2-103　唐代乌皮靴　　　图 2-104　　唐代女子线鞋（新疆吐鲁番阿斯塔那号墓出土）

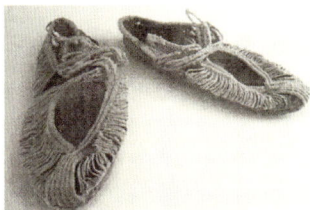

7. 唐代女子的首饰配饰

唐代作为中国历史上服饰文化发展的鼎盛时期，女子首饰配饰的丰富多样与精湛工艺，无疑成为这一时期服饰文化的重要组成部分。从假髻的盛行到发钗的演变，从步摇的摇曳到梳篦的流行，再到手镯的华贵，唐代女子首饰配饰不仅展现了当时社会的审美风尚，更蕴含了深厚的文化内涵与宗教信仰。

（1）假髻。唐代妇女崇尚高髻，为满足这一需求，假髻盛行（图2-105）。《唐书·五行志》中的记载，生动描绘了天宝年间贵族及士民对胡服胡帽以及假髻的热衷。杨贵妃作为当时的时尚引领者，常以假髻为首饰，其影响力可见一斑。

（2）发钗。发钗作为唐代女子插戴的重要首饰，其形制与花饰经历了从隋代到唐代的显著变化。中晚唐以后，发钗的钗首花饰逐渐简化，而专供装饰用的发钗则应运而生。长钗的出现，特别是长达30～40厘米的长钗，更是适应了当时高髻的需要（图2-106）。

图 2-105　唐代女子假髻

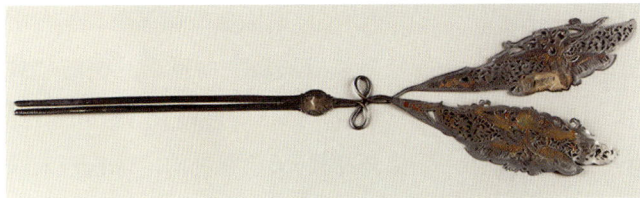

图 2-106 唐鎏金蔓草蝴蝶纹银钗

（3）步摇。唐代贵妇簪步摇，如陕西西安韦顼墓壁画、陕西乾县李重润墓石刻都有簪步摇的人物形象。"云鬓花颜金步摇"是唐代诗人对杨贵妃的描写。

（4）梳篦。梳篦原本作为梳理头发的实用工具，在唐代却逐渐演变成了女子头上的时尚配饰。魏晋时期开始流行的插梳之风，至唐代达到了鼎盛。梳篦的材质多样，以金、银、玉、犀等高贵材料制作，插戴方法也灵活多变，既有单插于前额、髻后的简约风格，也有分插左右顶侧、对插多梳的繁复样式。敦煌莫高窟唐代供养人壁画中的梳篦形象，更是生动展现了当时插梳风尚的盛行。

（5）手镯。唐代的手镯制作华贵精美，镯面多为中间宽、两头狭，宽面压有花纹，两头收细如丝，朝外缠绕数道，留出开口可于戴时根据手腕粗细进行调节，戴脱方便。这类手镯有金制的，也有以金银丝嵌宝石的。

8. 唐代女子的发式

唐代女子的发髻名目繁多，形态各异，不仅体现了当时人们对美的极致追求，也反映了社会文化的繁荣与多元。从螺髻的精致细腻到反绾髻的优雅大方，从半翻髻的灵动俏皮到惊鹄髻的高耸入云，每一种发髻都承载着特定的审美意趣与文化象征。特别是如双鬟望仙髻（图 2-107）、抛家髻（图 2-108）等，更是以其独特的造型与寓意，成为唐代女子发式中的经典之作。唐代妇女发型的一个显著特点是竞尚高大，为了营造出高耸入云的视觉效果，唐代女子常利用假发进行装饰，使得发髻更加丰满华丽。

9. 唐代女子的面妆

唐代女子面妆以其奇特华贵和变幻无穷而著称，据出土文物和古画人物的面妆样式，结合历史文献资料，可以大致了解唐代面妆的情况大致为敷铅粉、抹胭脂、涂鹅黄、画黛眉、点口脂、描面靥和贴花钿（图 2-109）。

首先是面部敷铅粉，然后在太阳穴处以胭脂抹出两道，分在双眉外侧，谓

图 2-107 唐代彩绘双环望仙髻女武俑（陕西历史博物馆藏）

图 2-108 唐代抛家髻女立俑（西安东郊出土）

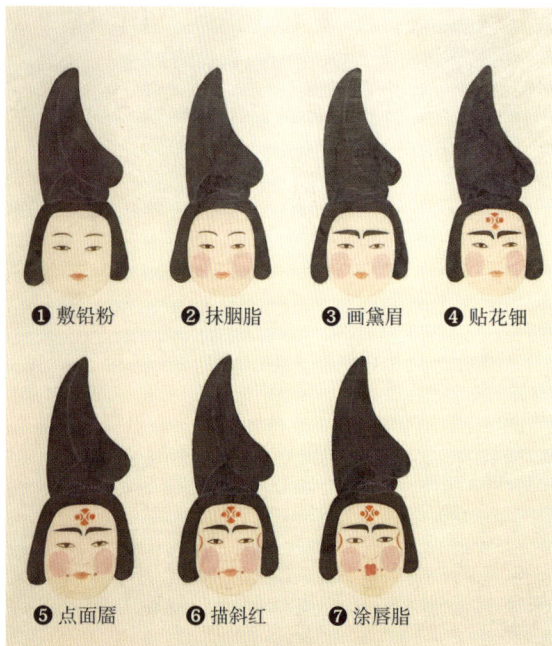

① 敷铅粉　　② 抹胭脂　　③ 画黛眉　　④ 贴花钿

⑤ 点面靥　　⑥ 描斜红　　⑦ 涂唇脂

图 2-109　唐代女子的面妆

之"斜红"，据说是由魏晋南北朝时期的晓霞妆发展演变而来。元稹的"敷粉贵重重，施朱怜冉冉"、张祜的"红铅拂脸细腰人"、罗虬的"薄粉轻朱取次施"等诗句都生动描绘了唐代女子敷粉施朱后的娇美容颜。

在敷粉施朱之后，唐代女子还会在额头上涂以黄色月牙状的饰面，这一习俗被诗人卢照邻"纤纤初月上鸦黄"和虞世南"学画鸦黄半未成"等诗句所吟咏。

唐代女子的眉式也是变幻无穷，流行周期极短。她们喜欢用青黑色颜料将眉毛画得浓密而富有变化，如细而长的蛾眉、粗而宽的广眉等，每一种眉式都代表着不同的审美风格和时代气息。

画好黛眉，唐代女子会在唇部点上口脂，使嘴唇色泽更加鲜艳。

面颊两旁的面靥和贴花钿，则是唐代女子面妆中不可或缺的装饰元素。面靥以丹青朱砂点出圆点、月形、钱样、小鸟等图案，既增添了面部的生动感，又寓意着吉祥和美好。而贴花钿则是由南朝寿阳公主的寿阳落梅妆发展演变而来，其位置与颜色在温庭筠的诗句中得到了生动的描绘："眉间翠钿深""翠钿金压脸"。

除了上述常见的面妆样式外，唐代女子还勇于尝试别出心裁的妆容。如《新唐书·五行志》所记载的"妇人为圆鬟椎髻，不设鬓饰，不施朱粉，惟以乌膏注唇，状似悲啼者"，以及诗人白居易所描绘的时世妆："时世妆，时世妆，出自城中传四方。时世流行无远近，腮不施朱面无粉。乌膏注唇唇似泥，双眉画作八字低，妍媸黑白失本态，妆成尽似含悲啼。"这些追新求异的妆容，无不表明了唐代女子对于美的独特理解和创新精神。

（三）唐代服饰纹样

在唐代这个经济繁荣、文化昌盛的辉煌时代，服饰作为社会文化的重要载体，不仅展现了中华文明的深厚底蕴，更融合了异域风情，形成了独具魅力的艺术风格。唐代的服饰纹样，便是这一时代文化交融与创新的生动写照。

唐代的服饰织物，以其富丽绚烂、流畅圆润的艺术风格著称于世。织造技艺的精湛与染料技术的革新，使得织物色彩丰富多变，质地细腻柔软。服饰上的装饰纹样，无论是动物还是花卉，都显得栩栩如生，充满生机。这些纹样不仅体现了唐代工匠的高超技艺，更反映了当时人们对美好生活的向往和追求。

在唐代服饰纹样中，动物与花卉是最为常见的元素。鸟兽成双，左右对称，展现出一种和谐与平衡的美感。而对马、对狮、对羊等动物纹样的运用，则透露出唐代社会的尚武精神和对力量的崇拜。宝花是唐代对团窠花卉图案的一种称呼，它是随着团窠图案的发展、通过中外文化的兼容碰撞所形成的一种多层次、表现花形整体平面的想象性综合装饰纹样。隋唐时期，宝花纹被当成装饰纹样应用于石窟藻井、纺织丝绸中，后经发展也应用于金银器皿、建筑装饰等多个领域。

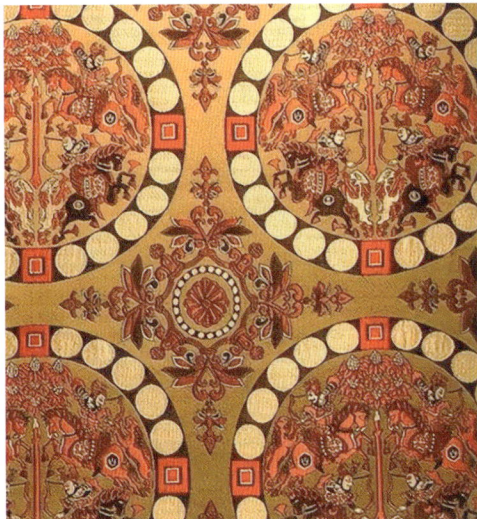

图 2-110 唐代服饰纹样联珠纹

最具唐代特色的"联珠纹"（图 2-110），以及广受欢迎的"陵阳公样"（图 2-111），深受西域波斯文化的影响。这些纹样以动物为主，与联珠纹巧妙结合，形成了一种独特的装饰风格。它们不仅展现了唐代文化的包容性，也反映了当时中外文化交流的盛况。

受佛教思想的影响，唐代服饰纹样中宝相牡丹图案尤为盛行。宝相花源于佛教中的莲花，但在唐代，其形态更趋近于牡丹，成

图 2-111 唐代服饰纹样陵阳公样

为富贵吉祥的象征。牡丹的华丽与饱满，线条的圆润与流畅，都完美地体现在了唐代的服饰纹样中，展现了人们对美好生活的祈愿和对富贵吉祥的追求。

敦煌莫高窟的彩塑和壁画，是唐代服饰纹样的又一重要载体。这些作品不仅展现了唐代服饰的华美与丰盈，更通过细腻的笔触和丰富的色彩，将唐代服饰纹样的艺术魅力展现得淋漓尽致。从敦煌壁画中，我们可以清晰地看到唐代服饰纹样的对称之美、流畅之韵以及富丽之态。

三、五代时期服饰文化符号解读

五代自后梁开平元年（907年）至南唐交泰元年（958年），虽处于五代十国分裂时期，但服饰方面官服仍大体沿袭唐制。

（一）男子服饰特点

五代时期的官服，男子多穿着圆领衫子，腰系帛鱼，头戴幞头。其中，幞头的变化尤

为显著，由晚唐的软脚逐渐演变为硬脚，这一变化不仅体现了服饰的实用性，也反映了时代审美的转变。与唐代相比，五代时期的服饰更加追求淡雅和清秀，不再崇尚奢侈华丽，这种风格上的转变，也体现了当时社会风气的变化。

（二）女子服饰特点

五代时期的女装（图2-112），基本保持了晚唐的样式，以窄袖短襦和长裙为主。与唐代不同的是，女子襦裙的腰线下移，使得穿着更加舒适和便于行动。裙带加长，帔帛也变得更加狭长，这些变化不仅增添了女装的飘逸感，也体现了五代时期女性对美的追求和审美观念的变化。此外，自五代开始，妇女流行缠足，这一陋习虽然对女性的身心健康造成了极大的伤害，但也在一定程度上影响了当时的鞋履式样和女性的体态。

图2-112　五代时期的女装

第四节　宋、辽、金、元时期

一、宋代服饰文化符号解读

（一）宋代服饰文化的演变

960年，后周大将赵匡胤夺取后周政权，以开封为东京，作为都城，史称北宋。1127年，女真族利用宋王朝内部危机，攻入汴梁，掳走北宋徽钦二帝，国号为金。钦宗之弟康王赵构南越长江，在临安（今浙江杭州）登基称帝，史称南宋。自此，中国又形成南北宋金对峙局面。

宋代在服装制度上，非常重视中华传统，《宋史·舆服志》中记载几次服制改革。聂崇义编《三礼图》，是为了"详求原始"，详细考证制度，"遵其文""释其器"，以"恢尧舜之典，总夏商之礼""仿虞周汉唐之旧"，虽不会完全遵从旧制，但宋代服装制度已成为后代力图恢复旧制的蓝本。在历代舆服志中，《宋史·舆服志》篇幅最长，规定最严谨，文化气息也最浓。

两宋时期的统治思想是理学，理学又叫道学，是以程颢、程颐兄弟与朱熹为代表的，以儒学为核心的儒、道、佛互相渗透的思想体系，学术界称为"程朱理学"。他们主张"言理而不言情"，在这种思想的支配下，人们的美学观念也发生了变化，整个社会舆论主张服饰不应过分豪华，而应崇尚简朴，尤其是妇女的服饰，更不应该奢华。朝廷也三令五申，多次申明服饰要"务从简朴，不得奢侈"，从而使宋代服装具有质朴、理性、高雅、清淡之美。

（二）宋代男子服饰特点

1. 朝服及其配饰

（1）朝服。宋代官员朝服式样基本沿袭汉唐之制，只是颈间多戴方心曲领。这种方心曲领上圆下方，形似璎珞锁片，源于唐，盛于宋而延至明，在明代王圻《三才图会》中有图示，后面应为长长的丝绦。如图2-113所示，为南薰殿旧藏宋宣祖像。黄色仍为皇帝专用服色，宋代开国皇帝赵匡胤在陈桥驿发动兵变时即是黄袍加身而称帝的。宋代百官的朝服为绯色罗袍裙，衬以白花罗中单，大带束腰，再以革带系绯罗蔽膝，方心曲领，搭配白绫袜和黑皮履。六品及以上的高官还会佩戴玉剑和玉佩作为身份的象征。此外，官员腰间悬挂的锦绶，其上的花纹图案根据官品的不同而有所区别。官员们根据不同的官职和场合，佩戴进贤冠、貂蝉冠或獬豸冠，并在冠后簪白笔，手执笏板。

（2）朝服佩戴的冠。

①进贤冠：采用漆布制成，冠额上装饰有镂金涂银的精美额花，冠后有纳言，垂有罗制的冠缨，结于额下。此冠以玳瑁或犀角制成的簪子横穿固定，确保稳固。冠梁以银为底并涂金，根据官员品级的不同，梁数也有所差异，从最高的七梁至最低的二梁不等。进贤冠的梁是由金、金涂银或铜制成，并排直贯冠顶，梁的多少直接反映了官员的等级。亲王、使相、三师、三公等高级官员佩戴最高等级的七梁冠，其下则依官阶递减。

②貂蝉冠：又称笼巾，以藤丝织成并外涂漆料，形状方正。冠的左右两侧饰有细藤丝编织的蝉翼状薄片，并镶嵌银饰。冠前装饰有银花及黄金或玳瑁制成的附蝉，左右各缀有三枚小蝉，左侧还插有貂尾，因此得名。这是官职最高者如三公、亲王在侍祠及大朝会时加戴于进贤冠之上的冠饰，象征其尊贵地位。

③獬豸冠：在形制上与进贤冠相似，但在冠梁上刻有獬豸角的形状，并以碧粉涂饰。獬豸是一种传说中的神兽，能辨是非曲直，故獬豸冠常被赋

图2-113 南薰殿旧藏宋宣祖像

予执法者的象征意义。其梁数根据官员品级而定，御史台中丞、监察御史等执法官员佩戴此冠，因此也被称为"法冠"。在隋代，獬豸冠上曾加珠两颗作为獬豸角形，后来改为一角。

（3）方心曲领。在宋代之前，官员穿朝服时仅在内里衬一个圆形护领。然而，自宋代起，穿朝服时必须在颈间佩戴一个上圆下方、形似璎珞锁片的饰物，这便是"方心曲领"（图2-114）。它不仅具有装饰作用，更重要的是能够防止衣领臃起，起到压贴、平整衣领的效果。

（4）簪白笔。宋代官员穿朝服时，有一种特殊的立笔形制，即在冠上簪插一支白笔。这支笔以竹为干，外裹绯色罗绸，笔毫用丝制成，并饰以银镂叶，然后插于冠后。这种簪白笔的做法源自古代的珥笔传统，原本用于奏报不法官员。宋代初期规定，只有文职七品以上的官员穿朝服时才需簪白笔，武官则不簪。但后来，武官也开始效仿此做法。

图2-114　方心曲领

（5）笏。又称手板，是一种用于记录或提醒事项的工具。《释名》中解释，"笏"即"忽也"，意味着君主有教命或臣下有奏报时，可将内容书写其上，以防遗忘。在古代，无论贵贱，人们都会手持笏板。不使用时，则将其插在腰带中。笏与簪笔有相似的作用。在宋代，穿绯袍的官员使用象牙制成的笏，而穿绿袍的官员则使用槐木制成的笏。笏的形制初时短而厚，到皇佑年间变得大而薄，且向身体微曲。后来，又恢复为直形（图2-115）。

2. 公服及其配饰

（1）公服。也称"从省服"，唐代的公服与常服有着显著的差异，然而到了宋代，公服与常服被合并为一体，统称为公服或常服，其制度基本沿用了唐代的样式。宋代官员在参加朝会、处理公务等正式场合时，通常会穿着公服。公服的样式特征为圆领、大袖，腰部以革带束紧，头部则佩戴幞头，脚踏靴或革履。其中，革带不仅是服饰的一部

图2-115　南宋彩绘文吏执笏砖雕（南京江宁康后山周国太夫人墓出土，南京市博物馆藏）

分，更是官职的象征，所有穿着绯色或紫色公服的官员都会佩戴鱼袋。宋代公服（常服）继续采用唐代以服色区分官职高低的传统。最初，三品以上的官员穿着紫色公服，五品以上穿朱色，七品以上穿绿色，九品以上则穿青色。但在北宋神宗元丰年间，这一规定有所调整，改为四品以上穿紫色，六品以上穿绯色，九品以上则穿绿色。

（2）幞头（图2-116）。作为宋人首服，应用广泛。宋代幞头分直脚、曲脚、交脚、朝天、顺风五类。不过唐朝人常用的首服幞头至宋已发展为各式硬脚，其中直脚为某些官职朝服，其脚长度时有所变。两边直脚很长，是宋代官员首服的典型特点，有"防上朝站班交头接耳"之说，但这一说法的真实性有待考证，但可以将它作为一种式样用来辨认宋代官员的服饰形象。另有交脚、曲脚，为仆从、公差多用。高脚、卷脚、银叶弓脚，以及一脚朝天一脚卷曲等式幞头，多用于仪卫及歌乐杂职。另有取鲜艳颜色加金丝线的幞头，多作为喜庆场合如婚礼时戴用。

（3）革带。革带在宋代是区分官员品级的重要佩饰。它由带头、带銙、带鞓和带尾四个部分组成，其中革即皮带，构成了腰带的基础。革带通常分为前后两节设计，前一节末端附有带尾，穿戴时带尾朝下，象征着官员对朝廷的忠诚与顺从。带身上设有小孔，以便与后一节在两端相扣合。而后一节则装饰有"带銙"，通过观察后背带銙的材质与色彩，即可大致判断官员的品级高低。具体而言，天子及皇太子使用的是玉质带銙，大臣则使用金质，亲王、勋伯等有时会被赐予玉质，其次则为金镀银、犀（通天犀除外，犀还分为上等与次等）、银质，更低品级的则使用铜、铁、角、黑玉等材质。根据元丰年间的官制规定，只有侍从官、给事中以上的高级官员才有资格佩戴金带。因此，在宋代，能够佩戴金带被视为一种极高的荣誉。若某位官员既佩戴金带又佩有金鱼袋，则被称为"重金"，其地位更显赫。这种对金带的崇尚，甚至催生出了"腰下几时黄"这样的戏谑诗句，意指何时才能有幸佩戴上金带。

图2-116 直脚幞头（泰州市博物馆藏展，泰州蒋师益墓出土）

（4）鱼袋（图2-117）。在宋代是朝官与地方官吏之间常用的一种身份与联络凭证。这种鱼形饰物由金、银、铜等金属材质制成，上面镌刻有文字，并分为两片，一片留存于中央政府，另一片则由地方

图2-117 木仿真鱼袋（福建福州茶园山南宋端平二年墓出土）

官吏妥善保管。当官员遇到升迁等人事变动时，这两片鱼饰物便作为合符的凭证，以验证身份与资格。此外，鱼袋还用金银饰成鱼形，官员在穿着公服时，会将其系于腰带上并置于身后，以此彰显身份贵贱，并作为出入宫殿、城门的通行凭证。这种合契的作用，实际上是对古代虎符的一种变形与延续。由于鱼目昼夜不闭，寓意着"常备不懈"，因此被选为官员的装饰物。在唐代，五品以上的官员会获得存放鱼符的鱼袋，以便佩戴于腰间。而到了宋代，虽然不再使用鱼符，但鱼袋作为身份的象征被保留下来，只是改为在袋上饰以鱼形。凡是有资格穿着紫、绯色公服的官员，都可以佩戴金、银装饰的鱼袋。对于官职较低但又有特殊情况（如特派出使等）需要佩戴鱼袋的官员，则必须先获得赐紫或赐绯的荣誉，然后才能被赐予金涂银鱼袋。这种特殊情况在当时被称为"借紫"或"借绯"。

3. 士人服饰

（1）襕衫（图2-118）。襕衫即是无袖头的长衫，上为圆领或交领，下摆一横襕，以示上衣下裳之旧制。襕衫在唐代已被采用，至宋最为盛行。其广泛程度可为仕者燕居、文人雅士或低级吏人服用。通常用细布，颜色用白，腰间束带。也有不施横襕者，谓之直身或直缀，以取其舒适轻便。对襟背子也为燕居或文人所使用。

（2）帽衫。士大夫交际常服，配套为头戴乌纱帽，身着皂罗衫，束角带，蹬革靴。这里需要补充说明的是乌纱帽，这种帽式在隋唐即已出现，唐代杜佑《通典》载："隋文帝开皇初，尝著乌纱帽……自朝贵以下至于冗吏，通著入朝，后复制白纱高屋帽，接宾客则服之。大业年令，五品以上通服朱紫，是以乌纱帽渐废，贵贱通服折上巾。"唐时纱帽被用作视朝听讼、宴见宾客之时。而宋时儒生也戴，样式尽可随己所好，一般以新奇为尚。除帽衫之外，还有初为戎服，后成官员便服的紫衫；有举子服用、女子亦穿的凉衫，或称白衫，再后演变为丧服。

图2-118　宋制盘领襕衫

（3）紫衫。紫衫因其颜色深紫而得名，是一款设计为圆领、窄袖，且前后下摆开衩、形制短窄的服饰。这样的设计使得紫衫非常适合活动和行走，因此常被将士们作为日常穿着，以便在作战时能够灵活移动。在南宋初期，宋金对峙，战事一触即发，为了应对可能的战争，南宋的士大夫们也开始穿着紫衫，以备战时需要。《宋史·舆服五》中就有记载，紫衫原本是军中的戎事之服，但在中兴时期，士大夫们也开始穿着，以便更好地参与军事活动。此外，紫衫相较于公服更加方便、舒适，因此也受到了人们的广泛欢迎。然而，到了绍兴二十六年，朝廷颁布了一项禁令，明确禁止以军服（包括紫衫）出现在民众面前，自此之后，紫衫逐渐被废除。紫衫废除后，士大夫们转而选择凉衫作为日常便服。

（4）凉衫（图2-119）。其款式与紫衫相似，也被称为白衫，在《宋史·舆服五》中有详细记载。南宋时期，由于都城临安夏季炎热，士大夫们便将凉衫作为日常便服来穿着，因其凉爽舒适而备受喜爱。然而，这一行为最终却遭到了禁止。礼部侍郎王严上奏指出，近来士大夫们普遍穿着凉衫，这不仅缺乏美观，而且在交际、居官、面对民众时显得过于朴素，甚至类似凶服。他认为，陛下正致力于尊崇两宫（指太上皇和皇帝），应当对此进行革除。原本紫衫是为了适应军事需要而设，因此被禁止在日常穿着，但人们追求简便，以至于凉衫流行至此。他建议，文武并用，不应偏废，除正式朝服外，应有便衣存在，同时保留紫衫也并无大碍。于是，朝廷下令禁止穿着白衫，除非是在骑马出行的路上，其他场合均不得穿着。自此之后，凉衫被用作凶服，而紫衫则再次流行起来。

（5）直裰（图2-120）。直裰是宋代男子常用的服饰款式，其特点是对襟大袖，后背的中缝直通到底。也有说法认为，长衣而无裑（即衣裾）的称为直裰，又称直身。这种服饰不仅为普通男子所喜爱，连宋代僧寺的行者也常穿着这种式样的服装。

（6）幅巾（图2-121、图2-122）。在宋代时重新流行。当官员幞头逐渐演变成帽子时，庶人已不多戴。一般文人、儒生以裹巾为雅。因可随意裹成各式样，于是形成了以人物、景物等命名的各种幅巾。例如，桶高檐短的"东坡巾"，还有"程子巾""逍遥巾""高士巾"和"山谷巾"等。

4. 宋代的军甲

在宋代，军甲有着明确的定制规范。根据北宋曾公亮所著的《武经总要》记载，甲胄的设计旨在全面掩护士兵的胸背部位，通过肩上的带子系连以固定甲身。腰部则采用从后向前束紧的带子，同时腰下配备有左右两片膝裙以保护膝盖。甲的上身部分还缀有披膊，即掩膊，以提供额外的防护。兜鍪，即头盔，呈圆形复钵状，后部缀有顿项以防护颈部。头盔的顶部设计有突起，并缀有一丛长缨，以增添威严之感。

5. 百姓服饰

在宋代，统治者对下层劳动人民的

图2-119 宋代凉衫

图2-120 宋代直裰

图2-121 宋代东坡巾　　图2-122 宋代程子巾

服饰有着严格的规定，这被概括为"百工百衣"制度。根据《宋史·舆服志》的记载，太平兴国七年曾颁发诏令，规定原本平民只能穿白色衣物，但此次特许他们也可以穿黑色衣物。这表明，在宋初时期，平民想要穿黑衣还需要特别的诏令批准，通常他们只能穿着白色的粗麻布衣。到了端拱二年，又有诏令规定，县镇场务的各类公差人员以及平民、商人、工匠、非官方伶人等，只允许穿着黑色和白色的衣物，不得随意穿着色彩斑斓的丝绸服饰。

（三）宋代女子服饰特点

1. 命妇服饰

在宋代，命妇的服饰严格按照其夫或子的官服等级来划分，她们拥有礼衣和常服两种类型的服饰。礼衣方面，包括袆衣、褕翟、褕衣、朱衣和钿钗等多种类型。具体来说，皇后在受册封、朝谒景灵宫、参加朝会以及其他重大场合会穿着袆衣；妃及皇太子妃在受册封和朝会时则穿褕翟；皇后亲自参与蚕事活动时穿着鞠衣；命妇在朝谒皇帝及垂辇时穿朱衣；而宴见宾客时则穿着钿钗礼衣。

在命妇的服饰中，皇后的袆衣尤为特殊，她佩戴的是九龙四凤冠（图2-123），冠上装饰有大小花枝各12枝，并加有左右各两博鬓（即冠旁如两叶状的饰物，后世称为"掩鬓"）。此外，青罗绣制的翟（文雉）有12等（即12重行）的精美装饰。到了宋徽宗政和年间，又规定命妇的首饰应为花钗冠，冠上同样有两博鬓，并加有宝钿装饰，服饰则为翟衣，以青罗绣制翟，并精心编排在衣裳上。翟衣内衬为素纱中单，领部为黼领，朱色衣襈和袖口，以及襈（衣缘）均采用罗縠制成。蔽膝的颜色与裳色相匹配，边缘以緅（深红光青色）为饰，并绣有重翟图案。此外，还配有大带、革带、青袜和舄，以及佩绶，这些服饰在受册封和参与蚕事典礼时穿着。

至于内外命妇的常服均为真红大袖衣，领部以红生色花（即写生形的花）罗制成，配以红罗长裙。她们还穿着红霞帔，坠子由药玉（即玻璃料器）制成。此外，红罗背子、黄红纱衫、白纱裆裤以及黄色裙和粉红色纱短衫也是她们常服的组成部分。

2. 衣裳

宋代妇女的衣裳主要为褙子、襦、袄、衫、半臂、背心、抹胸、裹肚、帔帛、裙、裤等形制。

（1）褙子（图2-124）。褙子是宋代最具时代特色和代表性的是服饰。褙子以直领对襟为主，前襟不施襻纽，袖有宽窄两式，衣长有齐膝、膝上、过膝、齐裙或至足踝多种，长度不一。另在左右腋下开以

图2-123　宋代九龙四凤冠

长衩，好像有辽服影响因素，也有不开侧衩的。宋时，上至皇后嫔妃，下至奴婢侍从、优伶乐人及男子燕居都喜欢穿用，这种衣服随身合体又典雅大方。

（2）襦。襦这种起源于战国时期的短衣，最初是作为内衣来穿的。由于其式样紧小、便于活动，后来逐渐被穿着在外，到了唐代，更是一度成为妇女的主要服饰。宋代也延续了这一服饰传统，但通常只有下层妇女将其作为外衣来穿，

图2-124　宋素罗褙子（中国丝绸博物馆馆藏）

而贵族妇女则更多地将其作为内衣，外面再套上其他服饰。与早期多将襦系于裙腰内的穿法不同，宋代的襦已经由内转外，不再系于裙腰之中，这种穿法与现代朝鲜族女式短上衣颇为相似。

（3）袄。袄与襦在样式上颇为相近，通常会在内部加入棉絮或衬以里布以增加保暖性。袄有宽袖与窄袖之分，也有对襟与大襟之别，其长度一般比襦要长一些。在宋代，袄成为女子们的日常服式，无论是宽袖的优雅还是窄袖的干练，都深受当时女子的喜爱。

（4）衫。衫为单层，以夏季穿着为主，袖口敞式，长度不一致，一般用纱罗制成。宋诗中："窄罗衫子薄罗裙""藕丝衫未成""轻衫罩体香罗碧"等诗句形象地描绘出衫的轻盈与舒适。

（5）半臂（图2-125）。半臂原为武士服，因袖短而称为半臂。唐代女子喜欢穿着，宋代男子多穿在衣内，女子则套在衣外。

（6）背心（图2-126）。背心特色在于无袖，基本同于魏晋时裆。连同半臂、背子等均为通对襟，这里区别为半臂加长袖可成背子，半臂去袖则为背心，与某些裆肩处加襻有所不同。

图2-125　坦领半臂

图2-126　褐色罗印花背心（福建福州茶园山南宋端平二年墓出土）

（7）抹胸（图2-127）、裹肚。在宋代，女子的贴身内衣中，抹胸与裹肚是两种常见的款式，它们共同的特点都是只有前片而没有后片。抹胸的设计相对较短，与现代的胸衣有些相似；而裹肚则稍长一些，类似于儿童所穿的肚兜。根据《格致镜原·引胡侍墅谈》中的记载，我们可以了解到，在建炎年间以后，临安府浙漕司向皇宫进献的成恭皇后的御衣中，就包括了粉红色的抹胸和真红色的罗裹肚。这一记载清楚地表明，在当时，抹胸与裹肚是被视为两种不同的内衣物品。

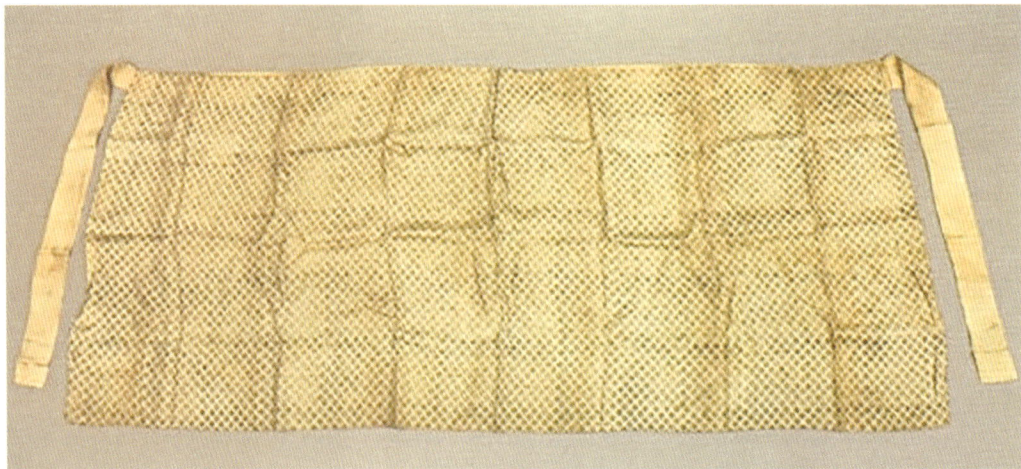

图 2-127　宋代女抹胸

（8）领巾（图2-128）与围腰。在宋代的诗歌中，"领巾"这一名词频繁出现，例如"轻衫束领巾"这样的诗句，展现了领巾作为当时人们服饰的一部分。根据《宋稗类钞》的记载，王岐公在翰林院任职时，皇上对他的书法大为赞赏，甚至命令身边的宫嫔们纷纷取来领巾、裙带或是团扇、手帕，请求他题写书法。此外，李元膺也有"花枝窣地领巾长"的诗句，这些描述都暗示了领巾是一种较长的饰品，与唐代流行的帔帛颇为相似。

（9）腰围。除了领巾，宋代妇女、男子还喜欢在腰间围上一幅腰围，这种腰围的样式与武士所穿的捍腰相似。特别值得一提的是，这种腰围的颜色以鹅黄为主，因此被称为"腰上黄"或"邀上皇"。这一点在《烬余录》中的《宫中即事长短句》里也有所体现，其中提到"漆冠并用桃色，围腰尚鹅黄"，证实了宋代腰围的颜色偏好。

（10）裙。裙是妇女常服下裳。宋代在保持晚唐五代遗风的基础上，时兴"千褶""百迭"裙，形成宋代裙式特点。裙式一般修长，裙腰自腋下降至腰间的服式已很普遍。腰间系以绸带，并佩有绶环垂下。"裙边微露双鸳并""绣罗裙上双鸾带"等都是形容

图 2-128　宋代女领巾

其裙长与腰带细长的诗句。裙式讲"百迭"者，用料六幅、八幅以至十二幅，中施细褶，如诗中形容"裙儿细褶如眉皱"。裙色一般比上衣鲜艳，其中"淡黄衫子郁金裙""碧染罗裙湘水浅""草色连天绿似裙""琔蓝衫子杏花裙"等写出绚丽多彩的裙色。从"主人白发青裙袂"和"青裙田舍归"等诗句中又可看出，老年妇女或农村劳动妇女多穿深色素裙。

宋代女裙料多以纱罗为主，有些在裙上再绣绘图案或缀以珠玉，"珠裙褶褶轻垂地"记下装饰。裙式中还有在裙两边前后开衩的"旋裙"（图2-129），因便于乘骑，影响至士庶间，再发展为前后相掩以带束系的拖地长裙，名曰"赶上裙"。

（11）裤。在宋代，妇女不仅穿裙子，还穿裤子。与唐五代以前裤子多被穿在袍、裙之内不同，到了宋代，裤子也可以直接穿在外面。裤子的样式有两种：一种是穿在袍、裙里面的，采用开裆设计；另一种则是直接穿在外面的，采用合裆（也称为满裆裤）设计。

图2-129　宋代女旋裙

3. 女子足服

宋代理学的兴盛和儒家教义的严格，使得女性被要求遵守严格的妇道，减少外出，而缠足恰好符合了这一要求。缠足使得女性站立和行走时显得更加柔弱，这符合当时男性对女性的审美期待。因此，缠足在社会中上层妇女中尤为流行，而乡村妇女由于劳动需要，大多保持天然大足。由于缠足的普及，宋代穿靴的女子变得较少，而小脚女子多穿着绣鞋、锦鞋、缎鞋、凤鞋、金镂鞋（图2-130）等，这些鞋子成了展示女性小脚秀气的重要服饰装饰。鞋面上常饰以各种美丽的图案，以彰显其精致。未缠足的劳动妇女，俗称"粗脚"，她们所穿的鞋子通常设计为圆头、平头和翘头等式样（图2-131），鞋面同样绣有各种花鸟图纹，体现了一种实用与美

图2-130　宋代小脚女子鞋子

图2-131　宋代未缠足女鞋

观的结合。

4. 女子发式及首服

（1）高髻（图2-132）。宋代妇女的发式继承了晚唐五代的风格，尤其以高髻为时尚潮流。历史记载中，南唐后主的后妃们引领了高髻纤裳的潮流，还有首翘鬓朵的妆容，这些都成了人们纷纷效仿的对象。同时，后蜀孟昶末年也出现了妇女们竞相梳理高髻的风尚，这种发髻被称为"朝天髻"。到了宋代，普通的年轻妇女们更是将发髻梳得高达一尺以上。这一点在山西太原晋祠的彩塑宫女形象中得到了印证，她们大多梳着高髻，有的甚至梳成了"朝天髻"的样式，与历史记载高度吻合。

图2-132　宋代高髻

（2）冠梳。冠梳是北宋时期妇女发髻上最具特色的装饰，起源于宋初，最初在宫廷中流行，后来逐渐普及到民间。冠梳由漆纱、金银、珠玉等材料制成，是一种高冠，两侧垂至肩部，冠上插有白角长梳。由于梳子较长，两侧插得多，妇女在上轿或进门时需侧首而入。宋仁宗皇佑元年，朝廷下令对冠梳进行改制，规定妇人冠高不得超过四寸，宽不得超过一尺，梳长不得超过四寸，并禁止使用角材料制作。敦煌壁画中对冠梳的样式有具体的描绘，通常冠的两侧装有饰物，用以遮盖双耳及鬓发，长度至颈部或垂至肩部。冠顶多饰以金色朱雀，四周插有簪钗。额发部位则安插白角梳子，梳齿上下相合，数量不一。

图2-133　宋代花冠

（3）花冠（图2-133）。花冠起源于唐代，至宋代女子传承并发展了这一装饰习俗。冠上除了簪用鲜花外，还使用绢制假花，巧妙地将四季花卉如桃、杏、荷、菊、梅等合插于一冠之上，被称为"一年景"。宋代时期簪花习俗不仅深受女性喜爱，男性也常在冠上插戴花朵。这种簪花风尚的盛行，与当时社会上普遍的爱花、养花风气紧密相连，反映了当时社会的风尚和文化特点。

（4）盖头（图2-134）。在宋代，女性外出时常佩戴一种名为"盖头"的头饰。根据高承所著《事物纪

图2-134　宋代盖头（出自宋《耕织图》）

原》的记载，盖头的形制源自唐代幂羃的遗风。与幂篱相比，盖头所使用的巾子尺寸较小，通常为正方形，边长五尺，材质多为皂罗。富贵家庭有时会以铂金作为装饰，但这一做法并不广泛。盖头可直接覆盖于头上，遮蔽面额，亦可系于冠上，以防风尘。此外，盖头在婚礼中扮演着特殊角色，新娘在成婚之日会以此蒙头，随后在特定仪式中，由男方代表（或新郎本人）轻轻揭开，新娘方得展露容颜。这一习俗直至清末民初仍颇为盛行，并在当今古典戏剧的舞台表演中得以体现。进入宋元时期，田家农妇下田劳作或生活中常披巾不离头。

5. 女子面妆

宋代妇女承袭前朝风尚，盛行在额头与双颊处贴饰花子。花子乃以精细金属薄片或彩色纸张，精心剪裁成各式花卉、小鸟、小鸭等图案，再借助一种特殊胶水——呵胶进行粘贴。呵胶，源自辽水流域，其黏性极强，既能黏合羽箭，又极宜于女性贴饰花钿。此胶只需轻轻一呵，便能融化粘贴，因而得名。

至宋太宗淳化年间，京师街巷中的女子们又兴起以剪裁黑光纸制作面靥的风潮，用以妆点面容；也有采用鱼鳃中的小骨作为面部装饰，雅称"鱼媚子"。这一时期的宫廷文化亦深受此风影响，宋徽宗《宫词》中"宫人思学寿阳粧"之句，便是对当时宫女们竞相贴饰花子这一时尚潮流的生动描绘。

（四）宋代纺织业的发展及服饰纹样特点

1. 纺织业的发展

宋朝初期，政府采取了一系列有利于农业恢复和发展的措施，促进了农业经济的迅速增长，农作物的种类和产量也随之增加。12世纪初，随着宋室南迁，汉族与南方少数民族的交流日益增多，东南地区的闽、广等地人民从少数民族那里学会了棉花种植技术。随后，纺纱、织布等手工技术不断提高，棉花种植也逐渐广泛。由于棉花种植相较于桑蚕和枲苎更为简便且有效，因此得到了比桑麻更快的发展。实物证据显示，当时棉织技术已经相当高超，如1966年在浙江兰溪南宋墓葬中发现的棉毯。

宋朝建立后，对绢帛的需求量大幅增加，不仅用于对外贸易和岁币支付，还作为官员的俸禄和赏赐。为了满足这一需求，统治阶级颁布了许多奖励蚕桑的诏令，推动了丝纺手工业的发展。朝廷在各地设立了规模庞大的纺织工场，如绫锦院、染院等，并雇用了大量工匠。这些工场不仅生产了大量的丝织品，还提高了纺织技术，尤其是织锦业进入了全盛时期。当时，各地所织的锦因产地不同而各有特色，如苏州的"宋锦"、南京的"云锦"等。这些锦的纹样以四方连续为主，穿插各种兽鸟和吉祥图案，色彩鲜艳，层次分明。

在宋朝，锦中加金以及以金为饰的风气十分流行。回鹘人擅长织金工艺，并向中原地区传授了这种技术。此外，缂丝（图2-135）作为一种极为精美的织物，在宋朝也盛行起来。缂丝并非用刀雕刻而成，而是采用"通经回纬"的方法织成的平纹织物，其成品花纹正反两面一致，被誉为中国纺织品中的瑰宝。南宋时期，缂丝的产地南移至苏州、松江一带，并逐渐成为著名的艺术欣赏品。

宋朝的服饰制度也颇具特色。朝廷每年按品级分送"臣僚袄子锦"，各级官员所穿的花纹都有严格规定。同时，民间服饰也根据时节和场合的不同而有所变化。如上元灯节时，人们会穿着灯笼锦等应景的花纹服饰。这些服饰不仅体现了宋朝人的审美观念，也反映了当时社会的文化风貌。

图 2-135　上海博物馆"秘藏"南宋缂丝《莲塘乳鸭图》

2. 服饰纹样特点

宋代服饰纹样丰富多彩，其中组合型几何纹有八搭晕纹（图2-136）、六搭晕纹、盘球纹等，这些纹样多见于具有时代特色的"宋锦"上。宋锦以龟背纹、席地纹等为底，巧妙穿插龙凤、兽鸟以及吉祥图案，如八吉、八仙等，构成工整而富有寓意的八搭晕锦。

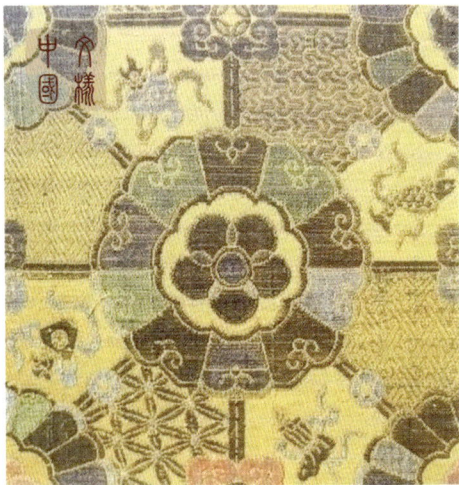

在纹样类型上，宋代服饰呈现出多样化的特点。几何填花类有葵花、簇四金雕等；动物题材则涵盖龙、凤、鹊、蝶、鱼等多种生灵；几何纹包括龟纹、曲水纹等，形态各异。特别值得一提的是，花卉纹在继承唐代牡丹、茶花的基础上，新增了梅、兰、竹、菊等文人雅士钟爱的"君子"花卉，这些花卉因其象征的美好品质而备受推崇。

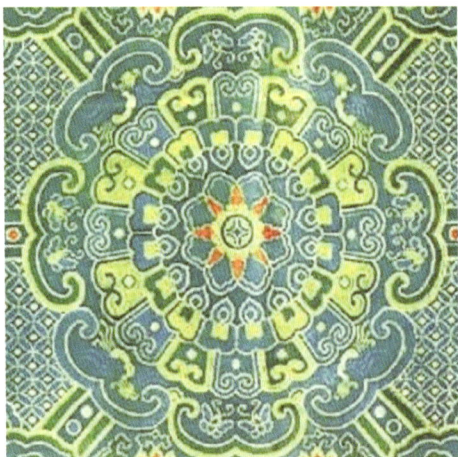

宋代服饰纹样的另一大特色是花鸟题材的主导地位。折枝花式纹样通过写生截取单枝，以写实的外形和动态展现，形成动静相宜的审美效果。在织物上，这些折枝花纹呈散点分布，布局巧妙，展现出婉转多姿、生动优美的艺术风格。同时，串枝花式纹样也颇为流行，它是在唐代卷草纹样和写生折枝花纹的基础上发展而来的，如凤穿百花、百花攒龙等，通过枝、叶、藤蔓的蛇形反转伸展，将单个花纹紧密连接，构成四方连续的图像，既生动自然又富有意匠之美。

图 2-136　八搭晕纹

在色彩运用上，宋代服饰纹样以质朴、清秀为雅。与唐代浓艳鲜丽的色彩不同，宋代多采用低纯度色，如鹅黄、粉红、银灰等柔和色彩，形成淡雅恬静之风。这种色彩选择不仅显得质朴、洁净、自然，还体现了宋代鲜明的审美倾向和韵味。

二、辽、金、元服饰文化符号解读

辽、金、元历经420余年，这三个朝代由三个不同的少数民族执政，他们同汉族存在着经济、文化等方面的交流，服饰上互相影响。如果说唐宋服制基本上是单一的（汉族服饰占绝对优势），那么辽、金、元服饰则是多种并行的。

地处我国北方的契丹族，唐末开始强盛起来。五代时，得后晋北方十六州，地跨长城内外。947年称辽，辽代服制是契丹服与汉服并行。

金原为女真族（满族祖先），曾附属辽代200余年。金代服饰大体保持着女真族形制，又继承了辽代样式，得宋北部领土后，又吸收宋制风格，因此具有女真、契丹、汉族三合一的综合特征。

元代的蒙古族，原是中国北部一个部落集团，后来攻灭西辽、西夏、金、大理，并在吐蕃建立行政机构，1271年忽必烈定国号为元。元代国土空前辽阔，各地的地理环境、气候条件、生活习惯、宗教信仰差异很大，各民族的服饰都有自己的特点。同时，由于各地经济、文化的不断交流，服饰也相互影响。

（一）辽契丹族服饰特点

1. 辽代官服

辽太祖在北方称帝时，以甲胄为朝服。占领后晋领土后，辽代统治者受汉族影响创立新的服制，契丹族官吏着本民族服装，汉族官吏仍穿汉服。乾亨年间服制又有所变化：三品以上的契丹族官吏在举行隆重典礼时也着汉服。日常官服分两种：皇帝及汉族臣僚着汉服，皇后及契丹族臣僚穿契丹服。重熙元年以后，大礼都改着汉服。

由于辽地处于北方，寒冷时间长，辽代君臣大都服貂裘。皇帝穿最名贵的银貂裘，大臣穿紫黑貂裘，下属穿沙狐裘等。契丹族以游牧为主，祭山是大礼，服饰尤盛。大祀时，皇帝头戴金冠，身着白绫袍，束红带，佩鱼袋，带犀玉刀，穿络缝乌靴。小祀时，戴硬帽，着红克（绔）丝龟纹袍。田猎时，戴幅巾，穿甲戎装，以貂鼠或鹅项、鸭头为捍腰。

皇帝本民族的衮冕服饰为：头戴实里薛衮冠，身穿络缝红袍，佩犀玉带，穿络缝靴。礼服为紫皂幅巾，紫窄袍，玉束带，或衣红袄。常服是绿花窄袍。皇帝着汉服的衮冕：冕为金饰，垂珠十二旒，黈纩充耳，玉簪导。玄衣，纁裳。衣有日、月、星、龙等八种图案，裳有藻、粉米等四种图形。大带，舄加金饰。这是祭祀宗庙、遣将出征、纳后时的衣着。这种衮服与宋代衮服比较，衣多一种图形，裳少一种图形，图案大同小异。

皇后小祀时，戴红帕，服络缝红袍，悬玉佩，穿络缝乌靴。这与宋代后妃服饰比较起来，款式及花样略显简便、单调。

皇太子谒庙还宫、元日、冬至、朔日入朝要戴远游冠、着绛纱袍。其冠三梁，加金附蝉九，首施珠翠，犀簪导。与宋代皇太子相比，朱明衣换成了绛纱袍，略趋简朴。

辽代臣僚戴毡冠，饰金花，加珠玉翠毛，额后垂金花。有的戴纱冠，制如乌纱帽，无檐，不掩双耳。额前缀金花，上结紫带。有的着紫窄袍，系带，用金玉、水晶、靛石缀饰，称为"盘紫"。高龄老臣，可服锦袍、金带。三品官以上戴的进贤冠，三梁，加宝饰；五品官以上，其冠二梁，加金饰；九品官以上，其冠一梁，无饰。臣僚通常着窄袍、锦袍，一般左衽，圆领，窄袖，颜色偏灰暗。

2. 辽代民服

辽代，男子冬季多穿貂袄、羊皮或狐皮外衣，肩围"贾哈"，足着乌皮靴，以求保暖。平时则头戴幞头，着圆领袍或开胯袍。妇女冬季戴貂帽，身着襦、袄。夏天，则着裙、着衫。其中的团衫，有黑、紫、绀等色，直领左衽，前后着地。裙多为黑色、紫色，上面绣有花卉。这说明，契丹改辽以后，服制实行多元化，本民族服饰与汉族服饰交织在一起。这种特点，在内蒙古自治区通辽市库伦旗辽墓壁画上、河北省宣化辽墓壁画上都能找到证据。

辽代男子依契丹族习俗多作髡发。其样式从传世的《卓歇图》《胡笳十八拍图》及辽墓出土的壁画上都可以看到。髡发，即将顶发剃光，两鬓或前额留下少量头发作为装饰。有的额前留有一排短发，有的耳边披散鬓发，有的把左右两绺头发剪成特殊形状，下垂至肩。以前，只知道辽代男子作髡发。但从近来出土的文物上看，有的妇女也作髡发。辽代髡发辽代妇女常以金色涂面，称"佛妆"。

（二）金女真族服饰特点

金是中国历史上由女真族建立的统治中国北方和东北地区的封建王朝。金代早期服饰大多承袭辽代契丹人的风俗，据《三朝北盟会编》记载："女真人其衣布好白，衣短巾，左衽，富者以珠宝为饰，衣黑裘、貂鼠、狐貉之皮，贫者衣牛、马、羊、猪、蛇之皮。"1153年海陵王迁都后，金代女真人服饰受中原传统服饰影响，百官常服多为盘领、窄袖，胸间或肩袖饰以金饰花纹。女子服饰以褡裙为主，多为黑紫色，上面绣全枝花。

1. 金代权贵服饰（图2-137）

金代权贵，春夏衣着多用纻丝制成，秋冬服装多用貂鼠、狐、貉、羔皮制作。他们的裹头巾，在方顶的十字缝中加饰珍珠。自

图2-137　金代权贵服饰

从金人进入黄河流域之后，金代执政者参酌汉、唐、宋的先例颁布了新的服制。

皇帝的衣冠是最尊贵的，皇冕以青罗为外表，红罗为内衬，冕天板下设有四柱，前后共有24个珠旒。黈纩二，用真珠垂系，玉簪的簪顶还刻有云龙图案。这种设计相较于唐宋时期，显得更为古朴。皇帝的衮服由衣和裳两部分组成，衣用青罗夹制，上面绘有五彩间金的图案，正面有日、月、升龙等图形，背面则有星、升龙等；裳则用红罗夹制，绣有藻、粉米等图形。在重要的祭祀活动或加尊号时，皇帝会穿着衮冕。而出行、斋戒出宫或御正殿时，则会戴通天冠，穿绛纱袍。皇帝临朝听政的服饰在不同时期也有所变化，初期为赭黄装，后来改为淡黄袍。常朝时，皇帝则会戴小帽，穿红襕，配偏带或束带。

皇后的首服是花株冠，以青罗为表，青绢衬金红罗托里，上面饰有九龙、四凤以及孔雀、云鹤等图案，制作极为精美。花株冠因上面有"花株各十二"而得名，其讲究程度超过了唐宋时期的皇后首服。皇后的祭服称为袆衣，用深青罗织成翚翟的形象，领、袖端、衣边则用红罗云龙装饰。金代的袆衣在图案和做工上都更为多样和考究。皇太子的桂冠则用白珠九旒，红丝组为缨，青纩充耳，犀簪导。其衮服与宋代皇太子的衮服大同小异。太子入朝、赴宴时，则会穿着紫袍、玉带、双鱼袋的朝服。而在视事及会见宾客时，则会选择戴小帽，穿皂衫，束玉带的轻便装束。

金代百官的朝服主要用于导驾和行大礼。正一品的官员穿着貂蝉笼巾，七梁额花冠等华丽服饰，并佩剑；正二品的官员则穿着七梁冠、绯罗大袖等服饰。官员的品级越低，冠梁的数量就越少，服饰的质地也越次。在礼服方面，文职官吏五品以上者穿紫服，六品、七品穿绯芝麻罗，八品、九品穿绿无纹罗。金代官服的一个创新之处是以不同品种的花卉来标志品级的不同。

金代前期，官员的服饰中鱼袋的使用有严格的等级规定。皇太子和亲王分别束玉带，佩玉双鱼袋和玉鱼，以示尊贵。文官一品束玉带，佩金鱼，二品束笏头球文金带，佩金鱼，三品和四品则束荔枝或御仙花金带，佩金鱼。五品官员束红鞓乌犀带，佩金鱼。武官一品和二品佩玉带，三品和四品佩金带，五品至七品束红鞓乌犀带，不佩鱼，八品以下则用皂鞓乌犀带。大定十六年，金世宗认为吏员与士民的服饰区别不大，导致有关机构不易检查，因此决定改革鱼袋制，实行书袋制。书袋制要求官吏在束带上悬挂书袋，以此作为官吏与士民的区别标志。书袋的质料和颜色根据官员的品级而有所不同。省、枢密院令、译史使用紫绰丝制成的书袋，台、六部、宗正、统军司、检察司使用黑斜皮制成的书袋，寺、监、随朝诸局并州县使用黄皮制成的书袋。书袋的尺寸为长七寸，宽二寸，厚半寸。官员在公务时将书袋悬挂于束带上，公退时则悬于便服。这一规定明确了书袋的使用场合和方式，违者将受到有关机构的查处。

2. 服装色彩

金代男子服饰最大特点是采取保护色，即衣着颜色与不同季节周围环境颜色相同或相近。这和女真族的生活习俗有关。他们以游牧、狩猎为主，采取保护色，既可不被凶猛野兽发现，起到保护自身的作用，又便于靠近猎物。冬天，他们多穿白色皮袍，和冰天雪地化为一体；夏天，他们多着绣有鹊、鹅、熊、鹿、山林、花卉等图案的服装，和周围环境合二而一。

3. 女子服饰（图2-138）

金代妇女穿襜裙。它多为黑紫色，上面绣全枝花，周身有六褶。上衣为团衫，黑紫色或绀色（红青），直领，左衽，前拂地，后曳地，用红黄带，双垂在前。老年妇女用皂纱，盘笼髻，散缀玉钿在上面。结婚的女子穿对襟彩领衣，前拂地，后曳地。金代女服修长，显得格外潇洒。贵妇人多戴羔皮帽，喜欢用金珠装饰。

图2-138　金代女子服饰

金代规定，没有官爵的平民只许穿絁、绢布、毛褐、花纱、无纹素罗、丝绵所做衣服，他们的头巾、系腰领帕只许用芝麻罗等面料。艺人如果有迎接、公宴应酬活动，可暂时穿上有绘画图案的衣着，而平时与百姓一样。

（三）元代蒙古族服饰特点

元代是中国历史上民族融合的时代，服装服饰也充分体现了这一特点。元太祖成吉思汗自1206年建汗国，灭西夏、金之后，其民族组成主要以蒙古族为主。元代由于民族矛盾比较尖锐，长期处于战乱状态，纺织业、手工业遭到很大破坏。宫中服制长期沿用宋式，直到1321年元英宗时期才参照古制，制定了天子和百官的上衣连下裳、上紧下短，并在腰间加襞积，肩背挂大珠的"质孙服"制，汉人称"一色衣"或"质孙服"。这是承袭汉族又兼有蒙古民族特点的服制。

1. 男子服饰

元代服饰展现了蒙古族文化与汉族及前代文化的融合，同时严格体现了社会等级制度。蒙古族的传统服饰，如皮帽、皮袄、皮靴，多用貂鼠、羊皮等制成，具有浓厚的民族特色。元灭南宋后，把人分为蒙古人、色目人、汉人、南人四等，服饰上也相应地呈现出明显的等级差异。

元代皇帝的冕服极为华丽，包括衮冕、衮龙服、裳、中单等，其设计参照了先秦的典章制度，并融入了蒙古族元素。皇帝的衣料色彩鲜明，使用纳石失（织金锦）及外来细毛织物，丝织多为缕金织物，展现了前所未有的奢华。

皇太子的服饰也与宋代相近，但有所创新，如改为"青衣朱裳"。元代贵族则满身红紫细软，以装饰宝石为荣，皇冠上甚至嵌有稀有的大粒珍珠。

百官公服沿用宋制，采用紫、绯、绿三种服色，但款式上有所创新，最大特点是官服上绣有不同花卉图案，以表示品级不同。元代官吏穿礼服时，一律戴漆纱展角幞头，与宋代官吏装束相似。同时，从皇帝到百官都穿质孙衣，这是元代内庭大宴的服饰，冬夏各异，讲究整体配合，要求圣洁不凡。

元代常服也有独特之处，如比甲、宝里、比肩、辫线袄（图2-139）等，既体现了蒙古族的服饰特色，也适应了不同场合的需求。然而，元代衣着用料和质量相差悬殊，高官服装多用色彩鲜丽的织金锦，而平民则受到种种限制，如不得穿好颜色衣、不能用特定颜色等。

此外，元代北方人穿皮靴、毡靴的相当普遍，种类繁多，质地也有所改善。元代的舃也形制考究，舃首加玉饰，帮上装饰花纹。

2. 女子服饰

元代贵族妇女一般戴皮帽，穿貂皮袍。这种袍比较宽大，多左衽，袖口较窄，袍长曳地。有的女袍，用大红织金、吉贝锦、蒙茸加工而成。皇后、妃子、侍从穿翻鸿兽锦袍、青丝缕金袍、琐里绿蒙衫。贵族、宫女多穿红靴。"衣裳光彩照暮春，红靴着地轻无尘"（萨都剌《王孙曲》）描写的正是元代贵妇人的衣着打扮。

元代最具特色的女帽是姑姑冠（图2-140），也叫故故、固罟、顾姑、固姑等。它上宽下窄，好像一个倒放的瓷花瓶。通常用铁丝和桦木制成骨架，外用皮、绒、绢等裱糊，再加上金箔珠花等饰物，走起路来，冠上珠串摇摇晃晃，冠顶翎枝迎风抖动。这是皇后、妃子、大臣妻子戴的贵冠。

元代妇女，不分贵贱都可以装饰假发，时称髲。元代关汉卿《窦娥冤》："梳着个霜雪般的髲，怎戴那销金锦盖头？"这里描写的就是假发。

辽、金、元还流行佩戴耳环。男女都戴，女者为多。契丹男女均戴摩羯耳饰，除了沈

图2-139 元代辫线袄（中国丝绸博物馆）

图2-140 元代姑姑冠

阳康平辽代契丹贵族墓群、克什腾旗二八地男性辽墓均出土多件摩羯耳环（图2-141）。金代的耳环，以金质为主。有的用金丝编成圆形托座，托座镶嵌各种宝石；有的耳环分为前后两部分，前半部分用金丝编成长方形框架，框架内镶嵌各种珍宝，框架顶部饰有金片花朵。元代耳环前部通常以玛瑙、白玉或绿松石等制成各种花样（图2-142、图2-143）。

图 2-141　摩羯金耳饰（一对）

图 2-142　元代绿松石耳环

图 2-143　元代滴珠式耳环

第五节　明、清时期

一、明代服饰文化符号解读

（一）明代服饰文化的变革

元代末期，军事力量逐渐衰落和朝廷的过度剥削，引发了大规模的农民起义，最终导致了元朝的覆灭。1368年，朱元璋在南京登基，创立了明朝。为了重振经济和确保国家的长期稳定，明太祖朱元璋推行了一系列政策，如广泛开展屯田、修建水利设施，并鼓励种植桑、麻、棉等经济作物。这些举措促进了农业生产的恢复。随着农业的发展，手工业也迎来了发展，明朝中期的冶铁、陶瓷制造和纺织技术均超越了前朝，为服饰文化的繁荣奠定了坚实的物质基础。

明成祖朱棣时期，郑和被派遣远航"西洋"，不仅开辟了海上贸易路线，还加强了与海外国家的交流，同时带动了沿海地区的快速发展。到了明朝中后期，商品经济在江南地区尤为繁荣，资本主义生产关系的雏形开始隐约出现。该地区涌现了众多大型城市，并形成了多个专业生产中心。在丝织业重镇苏州，富有的机户设立手工作坊，雇佣工人进行生产，这种"机户提供资金、机工提供劳力"的模式，正是资本主义生产关系的体现。这一新生产关系的出现，预示着长达两千余年的封建社会已步入衰退期。

历经两千多年的演变和完善，中国古代服饰在明代达到了新的高度。无论是服饰的内容、等级标识、制作工艺还是材料选择，乃至实用效果，都取得了显著进步，堪称汉族服饰文化的集大成者。明代服饰以其庄重传统、华丽多彩而著称，成为中国近代服饰艺术的典范。其特色主要体现在四个方面：第一，摒弃胡服，恢复汉族服饰传统，这反映了明朝统治者对汉族礼仪的重视；第二，通过服饰强化皇权，使皇威更加显赫，明代服饰的等级区分尤为严格；第三，以儒家思想为指导，进一步明确了官员服饰的等级界限，通过服饰的色彩、图案等元素来体现官员品级差异；第四，明代服饰还体现了封建社会后期的专制倾向和对华丽繁复之美的追求，大量运用吉祥纹样来增添服饰的审美意蕴和文化内涵，使之深入人心、广受欢迎。

（二）明代男子服饰

1. 帝王冠服

（1）冕服。明代开国皇帝朱元璋推翻了以蒙古贵族为代表的元朝统治者，建立了汉族政权，因此非常重视恢复汉民族的传统文化。其冠服制度"上采周汉，下取唐宋"，极力消除异族服饰文化的主导地位。明代在冕服的使用范围上做了大幅调整，从过去的君臣共用变为皇族专属服装。形式上追求古制，兼具周汉、唐宋的传统模式，但并非完全复古，而是经过多次调整，最终形成了明代特有的冕服体系。核心内容仍是皇帝冠十二旒、衣十二章、上衣下裳、赤舄等基本服制。

①冕（图2-144）：又称平天冠，由綖板、旒、冠武、玉簪等组成。綖板用桐木制作，前圆（略呈弧形）后方，覆绮于外，上（表）为玄色，下（里）为红色。

②玄衣（图2-145）：皇帝冕服上衣用玄色，故称玄衣，交领、大袖、领、袖、衣襟等处施本色缘边。明代冕服继承了传统的十二章纹饰。

③中单（图2-146）：中单用素纱制作，交领，大袖，领、袖、衣襟均施青色缘边，领部织黻纹十三个。

④纁裳（图2-147）：冕服下装用纁（浅红色）色，故称纁裳，分为前后两片，前片三幅，后片四幅，共裳腰。

⑤蔽膝、大带（图2-148）：蔽膝为纁

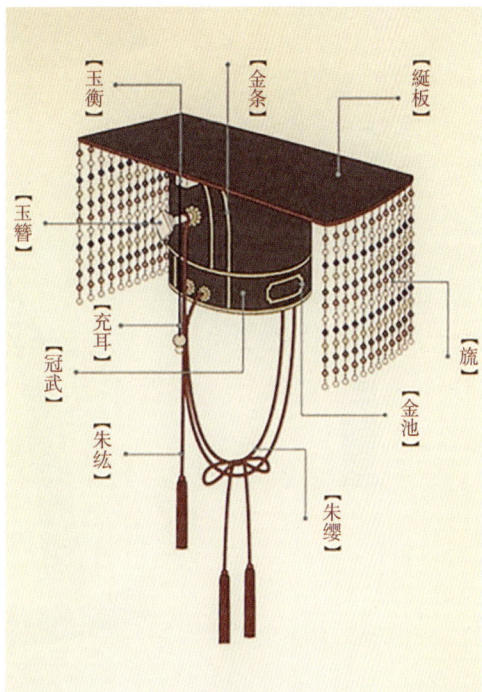

图2-144 冕

图 2-145　玄衣

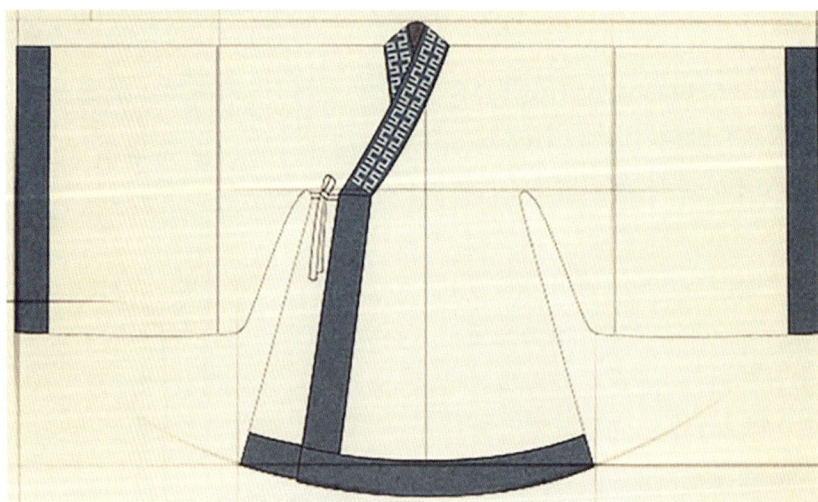

图 2-146　中单

色，上宽一尺，下宽二尺，长三尺，本色缘，缘的接缝中饰有五彩绦。大带由束腰部分和垂带部分组成，束腰部分以纽襻扣纽系，并缀有假结及耳。

⑥玉佩、小绶、大绶（图2-149）：玉佩下有小绶一对，长条形，其颜色、纹样与大绶相同。大绶为长方形，用黄、白、赤、玄、缥（淡青）、绿六彩织成，上部为麦形纹，下部为竖条纹，用缥色织物衬里。

⑦玉圭、袜、舄（图2-150）：玉圭长一尺二寸（周尺），顶部尖，底端平直，圭身刻山纹四个，下部套黄绮。另有玉圭袋用来装纳玉圭，袋身外形、大小和玉圭相似，饰金龙纹，底部有盖。冕服用赤袜、赤舄。赤舄形似靴，舄首做成如意云头状，饰以黄绦缘，并缀黑色缨结，鞋帮用黑色缘边。

（2）常服。明代的常服制度借鉴了唐代的模式，皇帝头戴翼善冠，身着盘领袍，腰部束以革带，脚穿皮靴。明英宗时期，为了更加彰显皇家的威严，在皇帝常服上融入了冕服

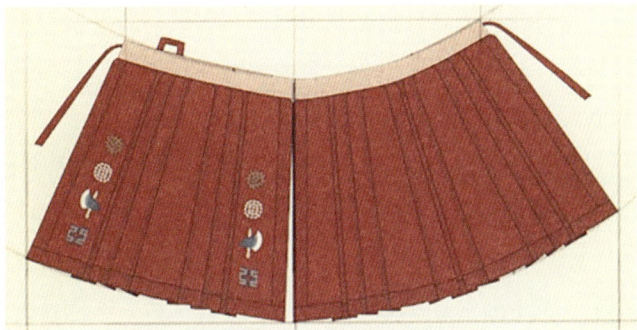

图2-147　纁裳

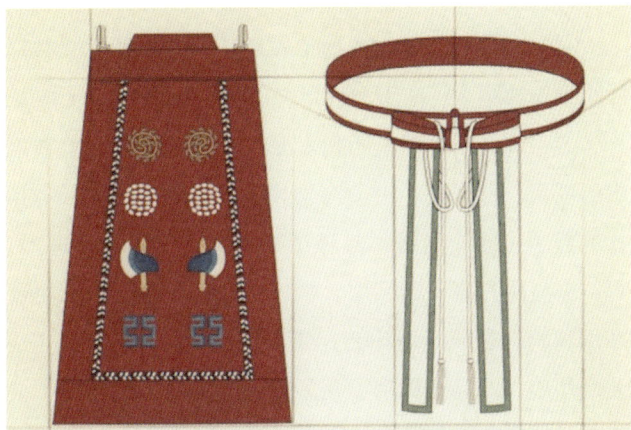

图2-148　蔽膝、大带

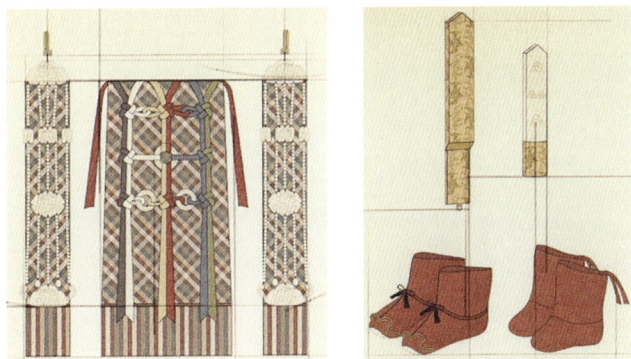

图2-149　玉佩、小绶、大绶　　图2-150　玉圭、袜、舄

的元素，加饰了十二章纹，这一举措使得这款常服更添庄重，成为前朝历代所没有的新设计。

①龙袍：龙袍是明代皇帝的专属服饰，以彰显帝王的威严和权威。龙在中国文化中具有独特的地位，早在上古时期，龙是民间人们心中的一种神秘动物，到了唐宋时期，统治阶级开始利用人们对龙的崇拜心理，自称为龙的后裔，并独占了龙形象的使用权，严禁民间使用龙图案，甚至提及"龙"字也受到限制。到了明代，龙更是成为帝王独有的标志，皇帝服装上绣大型团龙的制度也正式确立。

②乌纱翼善冠与金丝翼善冠：乌纱翼善冠是皇帝常服的冠帽，由细竹丝编制而成，外涂黑漆，并内衬红色绢布，表面覆盖双层黑纱。冠帽后方装饰有两条龙戏珠图案，前方则嵌入两个圆翅形的金折角。龙身由金丝编制，上面镶嵌着宝石和珠玉，龙首还托着"万"和"寿"两个字，整体工艺精湛，显得非常华丽和尊贵。

2. 官员常服

明代官员的常服制度中，文官和武官的服饰有所区别，文官服饰上绣禽类图案，而武官则绣兽类图案。这种制度使得"衣冠禽兽"一词在当时成为对文武官员的赞美，但到了明朝中晚期，随着官场腐败，这个词逐渐演变成了贬义词。官员在处理公务时，通常穿着常服，包括头戴乌纱帽，身穿盘领衣，腰束革带，以及足蹬皂革靴。

（1）盘领衣。明代的盘领衣是从唐宋时期的圆领袍衫演变而来，特点是高圆领和缺胯样式，衣袖宽大，前胸和后背缝有补子，因此明代官服也被称为"补服"。

（2）补子。补子是明代官服上特有的装饰，是新出现的身份和官阶标志，也是明代官服的创新。补子是一块长34厘米、宽36.5厘米的长方形织锦，文官的补子上绣有飞禽，武官的补子上绣有走兽，具体图案根据官品不同而有所区别：文官一品用仙鹤，二品用锦鸡，三品用孔雀，四品用云雁，五品用白鹇，六品用鹭鸶，七品用鸂鶒，八品用黄鹂，九品用鹌鹑，杂职则用练鹊；武官一、二品用狮子，三品用虎，四品用豹，五品用熊，六、七品用彪，八品用犀牛，九品用海马。补子的出现不仅丰富了明代官服的内容，而且规范了文武官员的身份标识，结束了历代文武官员服饰相同、难以区分的传统。

（3）乌纱帽。明代的乌纱帽是由漆纱制成，藤边展角翅端钝圆，可拆卸，圆顶设计使得帽体前低后高，帽内常用网巾束发。帝王常服中的翼善冠也是乌纱帽的一种，只是折角向上。乌纱帽的样式源自唐宋时期的幞头，到了明代成为统治阶层专用的帽子，成为官员的代称，平民不得穿戴。

3. 男子一般服饰

明代普通男子的服饰相对朴素，这既是因为劳动的实际需要，也是由于统治阶级对服饰的严格规定。丝绸和印花布等是上层社会的专属，普通百姓通常穿着棉布袍衫和短褐，足衣多为布鞋。

（1）直裰。明代初期，有民谣"二可怪，两只衣袖像布袋"。描述一种袖子宽大如布袋的衣服，即儒士所穿的斜领大袖袍，称为直裰或直身。这种衣服宽松、袖子宽大，四周镶有宽边，腰间系带，常与儒巾或四方平定巾搭配，是读书人的标准装束，风格清雅。但对于劳动者来说，这种衣服过于累赘，因此被劳动阶层视为怪异。明代对男子服饰有严格规定，如举人、监生的直身需用玉色绢布制作，袖口、领口、下摆等处装饰黑色缘边；而差役、皂隶等低级职位者则穿青色棉布衣。

（2）四方平定巾。四方平定巾是明代职官、儒生常戴的一种便帽，用黑色纱罗制成，戴时呈四角方形。其名称寓意江山稳固、四海升平。据说这种巾帽最早由儒士杨维桢戴用，后来因杨维桢的奉承之词而得到朱元璋的推广，成为天下职官、儒生的头巾。

（3）六合一统帽。六合一统帽即后世俗称的"瓜皮帽"，据说始于明太祖。此帽用六片罗帛缝制而成，寓意天、地、四方；下部另制一道一寸左右的帽檐，寓意天、地、四方统由皇帝一人统辖。因其实用方便，士庶纷纷戴用，影响深远，直至清代、民国时期乃至新中国成立后仍有人戴用。

（4）网巾。明代网巾是一种系束发髻的网罩，多以黑色细绳、马尾、棕丝编织而成，与现代妇女戴的发网、发套相似。网巾不封顶，两头直通，像一个网筒，上小下大，两头都有网绳可以扎紧。它除了约发外，还是男子成年的标志。一般衬在冠帽之内，也可直接露在外面。其缘起也与明太祖有关，据说是因为道士所说的"用以裹头，则万发俱齐"之话激发了朱元璋将网巾与"万事俱备，万法一统"联系起来的想法，于是下旨推广网巾，使其流行了三百多年。

4. 鞋履

明代官员常穿靴或云头履（即"朝鞋"）。儒士和生员也被允许穿靴，而普通百姓和商人则不得穿靴。大多数百姓穿着蒲草鞋、芦花鞋或棕鞋，仅在北方寒冷地区，人们被允许穿牛皮直缝靴。然而，到了明代末年，这些关于鞋履穿着的规定逐渐淡化。

5. 明代军服

明代的军服主要分为两类：一类是实战中使用的盔甲和战服，另一类是朝会等仪式中使用的仪卫服饰。

（1）实战军服。实战军人的装备包括铁盔、战甲、遮臂、下裙和卫足等部件，其形式大致与宋、元相似，但制作技术更为精湛，主要材质为钢铁。明代将士的头盔种类繁多，如铁帽、头盔、锁子护项头盔等，这些头盔因制作、形式和材料色泽的不同而命名各异。同样，将士所穿的甲也有多种，如齐腰甲、柳叶甲、长身甲等，也是根据甲片的长短和形式来命名的。

（2）朝会仪卫服饰。在大朝会中，仪卫官、卤簿、将军等穿着装饰性更强的服饰，如红盔青甲、金盔甲、红皮盔金甲及描银甲等，并悬挂金牌，手持弓矢、佩刀，以及金瓜、叉、枪等武器。

（三）明代女子服饰

1. 冠服

明代对于命妇的服饰有着严格规定，主要分为礼服和常服两大类。礼服是命妇在朝见皇后、礼见尊长、丈夫以及祭祀等重要场合所穿的服装，包括凤冠、霞帔、大袖衫和褙子等。凤冠霞帔不仅是华美的象征，也是身份和荣耀的标志，尤其在富家女子出嫁时，常作为装束。

（1）凤冠。凤冠是一种以金属丝网为骨架，装饰有翠羽凤凰和珠宝流苏的礼冠。它起源于秦汉时期，是太皇太后、皇太后、皇后的专用服饰。明代凤冠有两种形式：一种是后妃所戴，除了凤凰外，还装饰有龙的图案；另一种是普通命妇所戴的彩冠，上面不装饰龙凤，而是装饰珠翟、花钗，但习惯上也称为凤冠。

（2）霞帔。霞帔与凤冠相配套，起源于南北朝时期的帔子。隋唐时期因其形状似天边的彩霞而得名"霞帔"，到了宋代成为后妃礼服的一部分。霞帔是一条从肩上披到胸前的锦缎彩带，上面绣有花纹，两端呈三角形，下方悬挂金玉坠子（图2-151）。霞帔作为命妇的礼服，其纹饰成为命妇身份等级的重要标志。

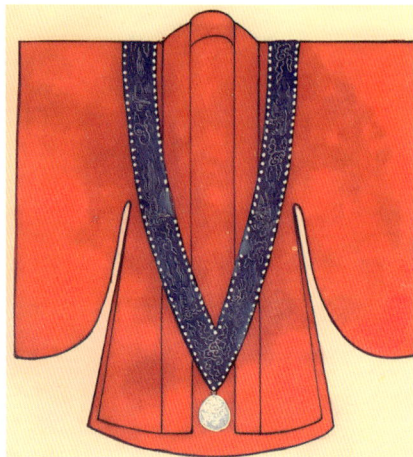

图2-151　霞帔

2. 女子一般服饰

命妇燕居与平民女子的服饰主要包括衫、袄、帔子、褙子、比甲和裙子等，这些服饰的基本样式沿袭了唐宋时期的传统。普通妇女通常穿着紫花粗布制成的衣物，不允许使用金绣装饰。袍衫的颜色限制在紫色、绿色、桃红等色，大红、鸦青和正黄色等皇家专属颜色则不得使用。

（1）褙子（图2-152）。明代的褙子分为宽袖和窄袖两种。宽袖褙子在衣襟上以花边装饰，领子一直延伸到下摆；而窄袖褙子的袖口和领子都有花边装饰，但领子的花边只到胸部。

（2）比甲。比甲是一种对襟、无袖、两侧开衩的服饰（图2-153），其名称在宋元时期以后出现，但这种服饰的形式早已存在。明代的比甲多为年轻妇女穿着，尤其在士庶妻女和奴婢中流行。

（3）襦裙。襦裙是唐代妇女的主要服饰，在明代依然流行。上襦为交领、长袖的短衣，下裙最初为六幅，后来增加至八幅，腰间有许多细褶，行动时裙如水流（图2-154）。到了明末，裙子的装饰更加讲究，裙幅增至十幅，腰间的褶裥更加密集，每褶都有一种颜色，微风中色彩如月光般变化，因此被称为"月华裙"。腰带上常挂有一根丝带编成

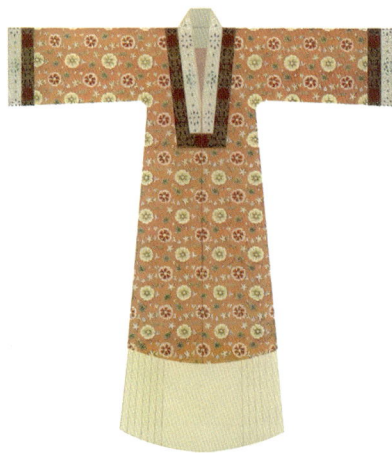

图2-152　明代褙子

图2-153　明代比甲

的"宫绦"，中间打几个环结，下垂至地，有时还会串上一块玉佩，以压住裙幅，保持美观，这与宋代的玉环绶有相似的作用。

（4）水田衣。水田衣是明代普通妇女的服饰，由各种颜色的零碎锦料拼合缝制而成，因色彩交错形似水田而得名（图2-155）。这种服饰简单而别致，深受明代妇女喜爱。唐代已有人用这种方法制作衣服，王维的诗中就有"裁衣学水田"的描述。水田衣的制作最初比较讲究匀称，各种锦缎料子都事先裁成长方形，然后有规律地排列缝制成衣。后来，制作方法变得更加自由，织锦料子的大小不一、形状各异。

3. 发髻与头饰

（1）发髻。明代初期，妇女的发髻变化不大，基本延续了宋元时期的样式。到了明嘉靖年间，发髻开始出现多样化的趋势。妇女们流行将发髻梳成扁圆形，并在顶部装饰宝石花朵，称为"桃心髻"。随后，发髻逐渐梳高，用金银丝固定，形似男子戴的纱帽，常点缀玉珠。此后，发髻的样式越来越多，形状从扁圆演变为长圆，出现了"桃尖顶髻""鹅胆心髻"等多种名称。还有模仿汉代"堕马髻"的样式，将头发朝上卷起，挽成一个大髻垂于脑后，这种发髻在明代画家的仕女图中十分常见。

图2-154 明代襦裙

（2）头饰。明代妇女讲求以鲜花绕髻作为装饰，这种习惯一直延续到民国时期。除了鲜花绕髻外，还有各种质料的头饰，如"金玉梅花""金绞丝顶笼簪""西番莲梢簪""犀玉大簪"等，这些头饰多为富贵人家女子的所爱。年轻妇女喜欢戴窄边的头箍，而老年妇女则戴宽边的头箍，上面均有精美的装饰，富者镶金嵌玉，贫者则绣以彩线。头箍的样式似乎是从宋代包头发展而来的，综丝结网，此时发展为一条窄边系扎在额眉之上，称为"貂覆额"，上面露出各式发髻。

图2-155 水田衣

4. 鞋履

明代女子不仅沿袭了前代缠足的风俗，而且愈演愈烈。缠足后所穿的鞋叫作弓鞋（图2-156），这是一种以香樟木制成的高底鞋。木底露在外边的叫"外高底"，有"杏叶""莲子""荷花"等名称；木

图2-156 明代弓鞋

底藏在里边的一般叫"里高底",又称"道士冠"。老年妇女大多穿平底鞋,称为"底面香"。

（四）明代服饰纹样特点

明代服饰纹饰非常符号化且具有丰富的寓意。中国人将礼制观念、伦理习俗、审美情趣和色彩爱好等赋予服饰之上,构筑了独特的中华服饰文化内涵。

云纹是明代服装面料中常见的底纹图案。古人常将云和气联系在一起,把云看作天气的象征符号。云可造雨滋润万物,故延伸出了"祥云"之说。而且在神话故事中,长生不老的神仙都是驾云而来、乘云而去的,所以云纹还有长生不老的寓意。云纹,有时被单独使用为主题纹样,有时与龙、凤、蟒、飞鱼、斗牛、麒麟、鹤等纹样搭配应用。不同的组合方式有不同的寓意。另外,云纹的造型不同,其象征的意义也各不相同。明中期以后,由如意与云头组合而成的四合如意云纹成为代表性纹样,被大量使用于男装之上。

葫芦纹样是由提取概括了植物葫芦的形象特征演化而来,深受人们的喜爱。明代的服饰中的葫芦纹样,善于运用多种表现手法,如谐音、吉祥文字、葫芦枝蔓等,具有浓郁的装饰美。由于对传统工艺的重视,明代的葫芦纹整体构图均衡完整,绘制手法熟练,讲究样式美,但又充满独特性与设计感,极富装饰意味,可以说明代将吉祥纹样葫芦纹的样式美和寓意美发挥到了顶峰。

在我国,蝴蝶纹作为装饰图案最早发现于唐代,唐代蝴蝶纹圆润饱满,在织物中起烘托作用。宋代蝴蝶纹清秀雅致,构图简洁。到了明代开始,蝴蝶纹应用广泛,造型繁复。

瓜瓞绵绵纹样又称瓜瓞纹或瓜蝶纹,其典故出于《诗经·大雅·绵》:"绵绵瓜瓞,民之初生,自土沮漆",用绵绵不绝的瓜瓞来形容周朝祖先之时子孙众多,形象生动。明代"图必有意,意必吉祥"几乎成为所有吉祥纹样的中心思想。此时,瓜瓞绵绵纹样成为流行的纹样之一,不仅寓意着子孙昌盛、家族兴旺,而且也用作庆贺丰收,几乎包含了当时人们的所有美好的祝愿。

二、清代服饰文化符号解读

（一）清代服饰文化的变革

明朝后期,女真族杰出首领努尔哈赤统一了女真各部。1616年努尔哈赤自立为汗,建立后金。后金建立后,多次打败明军,夺取了明朝广大地区。1635年皇太极改女真族名为满洲,1636年皇太极称帝,改国号为大清。1644年清世祖顺治帝入关,定都北京,从皇太极改国号为大清起,共历11帝,国祚276年。清代作为中国历史上最后一个由少数民族建立的封建王朝,其服饰文化再次呈现出鲜明的民族融合特色。

在清代初期,满族统治者为了强化其统治地位,推行了"剃发易服"的政策,强制汉族臣民依照满族的制度剃发蓄辫,改穿满族服装。这一举措遭到了汉族人民的强烈抵制。

为了缓和民族矛盾，清朝采纳了明朝遗臣金之俊的"十不从"建议，允许在特定场合和特定人群中保留明代服饰。这一妥协使得清朝的服饰制度得以在全国逐步推行，同时也充分承继了明代服饰技艺的成就。

清代的服饰制度在服装形制和风格上既体现了满族的习俗特征，又保留了数千年遗存下来的等级制内容。其服饰条文的庞杂、章规的繁缛超过了历代，人们的穿着也更为严格、规范。这种对服饰的严格规定，不仅体现在官服上，也渗透到民间服饰中，使得清代服饰在追求精致、烦琐的装饰效果上达到了历代之最。

然而，清代服饰文化的变革并非一成不变。随着清朝国力的衰微和西方势力的入侵，清代的服饰文化也开始受到外来文化的影响。1840年鸦片战争打开了中国的大门，西方资本主义的涌入不仅带来了商品和武器，也带来了西方的时尚服饰。清末时期，西式的学生操衣、操帽和西式的军装军帽开始在中国学生和军人中流行，逐渐影响着清代的服饰风尚。

同时，清代女服也保持着满汉两民族原有的服装形式，不同风格特色的女装长期共存，并在相互影响下逐步融合。汉族妇女以穿着弓鞋为多，而满族妇女则不裹小脚，大多穿装有木底的绣鞋，时称"高底鞋"。这种服饰的多样性不仅体现了清代服饰文化的包容性，也为近代女装的变化提供了直接的借鉴。

（二）清代男子服饰

1. 帝王冠服

清代作为中国最后一个封建王朝，帝王冠服的繁缛华丽堪称历代之最。皇帝的冠服分为礼服、吉服、常服和行服四种。

（1）朝服（图2-157）。皇帝在重大典礼时最常穿的典制服装。皇帝的朝服分为冬季和夏季两种款式，其主要区别在于衣服的边缘装饰。春夏季节的朝服边缘采用缎料，而秋冬季节则使用珍贵的皮毛作为缘饰。朝服的基本款式由披领和上衣下裳相连的袍裙组合而成。

上衣的衣袖设计独特，由袖身、熨褶素接袖和马蹄袖（箭袖的特殊形制）三部分构成。下裳与上衣相接处设有襞积，右侧配有正方形的衽，腰间则束有腰帏。披须（又名披肩、扇肩）和马蹄袖是清代朝服的显著特征。

朝服的主色调为黄色。不过，在特定场合如祭祀、圈丘、祈谷时，冬朝服采用蓝色；朝日时则选用红色。而夏朝服在常

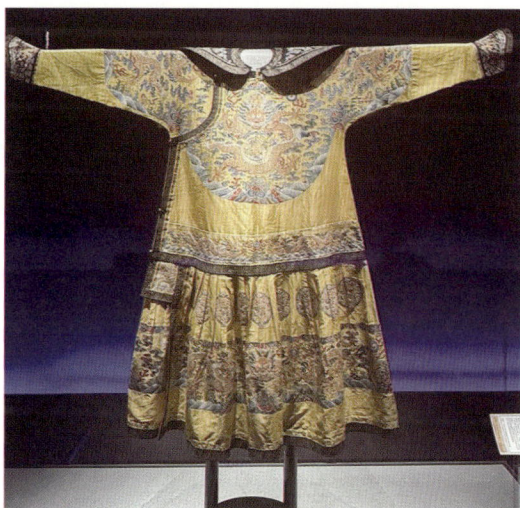

图2-157 清乾隆夏季朝服（复刻）

雩（求雨）祭祀时采用蓝色，夕月时则使用月白色朝服。

朝服的纹样以龙纹和十二章纹样为主。正前、背后及两臂各绣有一条正龙；腰帷上绣有五条行龙，襞积前后各绣有九条团龙；下裳绣有两条正龙和四条行龙；披肩上绣有两条行龙；袖端则各绣有一条正龙。十二章纹样中，日、月、星辰、山、龙、华虫、黼、黻八章绣在衣上，而藻、火、宗彝、粉、米四种绣在裳上，并配以五色云纹，使得朝服更加华丽庄重。

（2）吉服。皇帝吉服主要用于重大吉庆节日、筵宴以及祭祀主体活动前后的"序幕"与"尾声"阶段，包括吉服袍、衮服、端罩等。在清代服饰规格中，礼服的等级最高，吉服的等级仅次于礼服。皇帝及后妃、皇太子及太子妃所穿的吉服袍也叫作龙袍。皇帝穿龙袍的场合和次数要比朝服多。清代冠服制度对皇帝龙袍的款式做了明确规定。《清史稿·舆服志》记载，"清皇帝龙袍：色用明黄，领袖皆石青，片金缘。绣文金龙九。列十二章，间以五色云。领前后正龙各一，左右及交襟处行龙各一，袖端正龙各一。下幅八宝立水，襟左右开，棉、袷、纱、裘，各惟其时。"穿着龙袍时，还须带吉服冠，束吉服带，项间还须悬挂吉服珠。皇帝龙袍的形制是圆领、右衽大襟、马蹄袖、四开裾的直身式长袍。龙袍色用明黄，纹样以龙纹为主，全身饰金龙九条，其中前胸、后背和两肩正龙各一，下摆前后行龙各二，里襟行龙一（不计边饰、马蹄袖等次要纹饰），象征皇帝的九五之尊。

（3）常服。清代皇帝常服有常服袍、常服褂、端罩。常服袍为前后左右开衩，日常处理政务时穿用。常服褂为长上衣，行褂为短上衣，均罩于袍服外面穿用。端罩为皮质褂，毛朝外，紫貂皮面，明黄缎作衬里，圆领对襟，长度至膝，满语称"打呼"，罩于朝服或龙袍外，冬季保暖穿用。

（4）行服。包括行褂、行袍和行裳三种，主要穿用于皇帝巡幸和狩猎等外出骑行之时。其中行服袍的形式如常服袍，而最大的特点是身长较常服袍减短十分之一，右裾裁下一尺见方的一幅，观之似缺一块，故又称"缺襟袍"。裁下的一幅用纽扣与袍相系，步行时可放下，骑行时则撩开系上，以便于骑马，设计十分巧妙。

（5）冠帽。清代皇帝冠帽主要有朝冠、吉服冠、常服冠和行冠。各类礼冠用于不同场合，祭祀庆典用朝冠，常朝礼见用吉服冠，燕居用常服冠，出行用行冠，穿便服时用便帽。每种冠制分冬夏两种，秋冬季所戴之冠称暖帽，春夏季所戴之冠叫凉帽。

①朝冠：清代皇帝朝冠，冬季暖帽用薰貂与黑狐的皮毛制成，帽顶穹起为圆形，帽檐反折向上，帽子表覆盖缀红色帽纬。帽顶正中有底座和顶，顶有三层，以四条金龙相承，饰东珠、珍珠等。皇帝凉帽用玉草或藤竹丝编制而成，外裹黄色或白色绫罗，外形如斗笠，帽前正中缀金佛，帽后缀舍林，帽子表面覆盖红色帽纬，中间饰东珠，帽顶与暖帽相同。

②吉服冠：皇帝的吉服冠，冬天用海龙、熏貂、紫貂，依不同时间戴用。帽上亦缀红色帽缨，帽顶是满花金座，上衔一颗大珍珠。夏天的凉帽仍用玉草或藤竹丝编制，红纱绸里、石青片金缘，帽顶同冬天的吉服冠。

③常服冠：皇帝常服冠，帽为红绒结顶，俗称算盘结，不加梁，形制同于吉服冠。

④行冠：皇帝行冠，暖帽材料为黑狐或黑羊皮、青绒，形制同于常服冠。凉帽以藤竹丝编织而成，红纱里缘，上缀红色帽纬，帽顶及梁为黄色，前面缀饰一颗珍珠。

（6）朝珠与朝带。朝珠（图2-158）是清代独创的一种官服佩饰，它最初是由佛教用的念珠发展而来。朝珠由一百零八颗珠串成，垂于颈后，每隔二十七颗穿入一颗质地不同的大珠，称其为"佛头"，共有四颗，象征一年有四季。其中胸前正中的一颗佛头连缀葫芦形的为"佛头塔"，由黄色绦子缀着垂在背后的叫"背云"，其末端坠一葫芦形佛嘴。佛头塔两侧缀有三串小珠，每串有小珠十颗，名为"纪念"，共三十颗珠，象征一个月有三十天，三串代表有上中下三旬。清朝用于制作朝珠

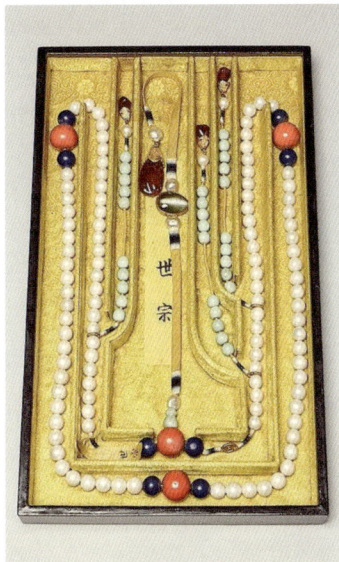

图2-158 清雍正东珠朝珠（台北故宫博物院藏）

的材料有多种，都是很贵重的材质，如东珠（产自东北的淡水珍珠）、翡翠、宝石、玛瑙、水晶、青金石等。皇帝穿朝服时要戴朝珠，根据不同的场合戴不同质地的朝珠。

皇帝的服饰中，腰间会根据所穿服装搭配相应的腰带，穿朝服时配朝服带，穿吉服时则配吉服带。朝带并非像现代腰带那样主要追求实用功能，而是一种装饰品。皇帝的朝带分为两种，一种专用于大典，另一种则用于祭祀活动，两者都是采用明黄色丝织制成。其中，大典用的朝带装饰有龙纹金圆版四块，上面镶嵌着红宝石、蓝宝石或绿松石，每块金版上都衔五颗东珠，并围绕着二十颗珍珠。朝带左右还配有浅蓝色和白色的佩帉，下部宽大且尖锐。而祭祀用的朝带则装饰有龙纹金方版四块，根据祭祀对象的不同，分别镶嵌青金石（祀天）、黄玉（祀地）、珊瑚（朝日）或白玉（夕月），每块金版上也都衔有五颗东珠。除了祀天时的佩帉和绦带为纯青色外，其余都与大典用的圆版朝带制式相同。

（7）朝靴。清代皇帝穿朝袍时需要搭配朝靴。靴子的材料多为黑缎，上面绣有草龙花纹，浅色靴底，靴帮明黄色。式样初为方头，后又流行尖头。

2. 百官冠服

（1）蟒袍。蟒袍原承袭于明朝官员蟒袍之制，以绣蟒多少为官制品级差异，绣蟒多则级别高，绣蟒少则级别低。此外，绣蟒的蟒爪数量也是划分官位高低的一种形式，绣蟒相同但蟒爪数量不同，也是决定官员高低的标志。从史料记载和一些实物来看，这种绣蟒、蟒爪的限制在清代初期、中期和晚期曾有所变化，而且在定制后的执行上也并不是非常严格。按清代定制，蟒袍之上绣九蟒五爪者，只有皇子和亲王、郡王可以使用，皇子蟒袍最为尊贵，颜色为金黄色，而亲王、郡王蟒袍只能用蓝色、石青色。除了皇子和亲王、郡王，以下各级官员绣蟒只能为四爪之蟒。据乾隆《钦定大清会典图典》所载，清朝品官的

蟒袍定制为：袍料用蓝及石青诸色，袍为四开裾，袖端为马蹄袖，袍缘镶织锦片金。按照一品至九品官阶之分，其绣蟒及蟒爪之数分别为：文、武一品至三品官袍，通绣九蟒，蟒为四爪；文、武四品至六品官袍，通绣八蟒，蟒为四爪；文、武七品至未入流官袍，通绣五蟒，蟒为四爪。由此可见，蟒袍只能大概划分出品级高低，而并不十分具体。况且，清代蟒袍的颜色也是五花八门，除了黄色蟒袍必由皇帝恩赏外，王公大臣、文武百官诸色皆可使用，较常见的有红色、蓝色、紫色、绿色等多种。由于蟒袍诸色鲜艳，绣工考究，所以民间将官制蟒袍称为"花衣"。

（2）补服。清代官员的朝服上有一块方形图案称为补子。补子又分为文官、武官两种。清代官服补子大体与明朝官服补子类似。不过清朝文官补服上的禽鸟与明朝最大区别是清朝文官补子上的禽鸟只有一只，而明朝文官补子上的禽鸟则是两只，明朝和清朝武官补子则都只有一个走兽。文官：一品仙鹤，二品锦鸡，三品孔雀，四品绣雁，五品白鹇，六品鹭鸶，七品鸂鶒，八品鹌鹑，九品练鹊（图2-159）。武官：一品麒麟，二品狮子，三品豹，四品虎，五品熊罴，六品彪，七品、八品犀牛，九品海马（图2-160）。另外，御史与谏官均为獬豸。獬豸乃神兽，专司辨别忠奸。补子上除了有飞禽走兽外，还绣有海水和

一品仙鹤	二品锦鸡	三品孔雀
四品绣雁	五品白鹇	六品鹭鸶
七品鸂鶒	八品鹌鹑	九品练鹊

图2-159　清代文职补子图样

一品麒麟　　　　　　二品狮子　　　　　　三品豹

四品虎　　　　　　五品熊罴　　　　　　六品彪

七、八品犀牛　　　　　九品海马

图2-160　清代武职补子图样

岩石的图案，寓意"海水江崖，江山永固"的意思。

（3）官帽。在清代官制与服饰的关联中，官帽是各级官职最鲜明的外在体现，是清代官员最重要的品级标志之一，也是其为官任职的权力象征。

①官帽的分类：清代官帽大体可分为冬季戴用的暖帽和夏季戴用的凉帽，两类冠帽不可同时期混用。

暖帽（图2-161）为圆筒形，均以貂、狐等皮制成；帽檐上仰，帽顶面呈圆锥形，表面坠有红纬，长出檐；顶部安有镂花金座帽顶，上缀各类宝石；帽檐下两旁置有垂带，可系于项下。其中，各品官所用毛皮略有不同之处，文一品、武一品官用熏貂、青狐皮，文二品、武二品及文三品官用熏貂、貂尾，武三品及文四品、武四品至文九品、武九品官均用熏貂。

凉帽（图2-162）帽身为倒喇叭口式，均以玉草或藤丝、竹丝为质织成、表面饰以纱罗，帽檐镶石青片金二层，帽里用红片金或红纱。帽顶面缀有红纬；顶部安有镂花金座，帽顶上镶各类宝石；帽内加圈，系带置于圈上，可系于项下。

图 2-161　官帽（暖帽）

图 2-162　官帽（凉帽）

②官帽的组成（图2-163）：清代冠帽的等级性的体现方式主要是通过高耸的宝石帽顶和羽翎等元素来体现，是清代服饰中最具特色的一部分，带有鲜明的少数民族习俗和文化特色。

在清代，上至皇帝、皇子，中有王公贝勒，勋贵大臣，下至文武百官，其官帽上都有一个金银制成的帽顶，而每一级别的帽顶都各不相同，分别镶嵌不同质地的珍宝，而每一级别的帽顶都各不相同，造型也不尽相同，由此形成了清代官员以帽顶分官阶、以顶戴见大小的官制特点。

图 2-163　清代官帽

清代冠帽上的羽翎主要是花翎和蓝翎两种，以花翎为尊。花翎就是孔雀尾部带有"目晕"的羽翎，"目晕"又被称为"眼"，指的是孔雀尾毛上的彩色圆斑。花翎的目晕越多表示身份地位越尊贵，一般是高级官员戴用。蓝翎又称为"老鸹翎"或"雕翎"，蓝色，羽毛较长但没有目晕，与花翎相比等级较低，一般是中下级官员戴用。

（4）黄马褂。黄马褂又称"黄褶"或"行褂"，最初起源于清朝的行军和旅行服装。清朝时期，皇帝出行往往有大量的"内大臣"和"侍卫"随从，这些随从人员为了骑马方便，通常会穿着一种短袖、衣长到股、袖长到肘的短外衣，即马褂。而皇帝身边的御前侍卫和内臣，为了彰显其特殊身份和地位，所穿的马褂往往采用明黄色的绸缎或纱制成，这种马褂便逐渐被称为"黄马褂"。根据黄马褂的用途和赏赐对象的不同，黄马褂大致可以分为以下几种：

①行职马褂（任职褂子、黄褶）：行职马褂是跟随皇帝出行的扈从内大臣、侍卫等所穿着的黄马褂。这种黄马褂类似于现代的工装和职业装，是皇家队伍的体现。然而，行职马褂只有在执行公务的时候才可以穿，日常穿着是不允许的。这是因为行职马褂代表了穿着者的特殊身份和职责，一旦脱下，便意味着其职责的解除。行职马褂的纽襻通常为黑色，与马褂本身的颜色形成对比。这种设计不仅使黄马褂在视觉上更加醒目，也体现了统

治者的威严和庄重。

②行围马褂：行围马褂是清朝皇帝在狩猎活动时，赏赐给在武功、骑射等方面表现优异的人的黄马褂。这种黄马褂也被称为"行围褂子"。与行职马褂一样，行围马褂也只能在特定的场合穿着，即只有在和皇帝一起进行狩猎活动的时候才可以穿上。行围马褂的颜色和质地与行职马褂相似，但纽襻的颜色可能因赏赐对象的不同而有所区别。一般来说，行围马褂的纽襻也是黑色的，但也有一些特殊的行围马褂，其纽襻的颜色与马褂本身相同，均为明黄色。行围马褂的赏赐对象不仅限于侍卫和武将，还包括一些在朝廷中表现优异的文官。这种赏赐不仅是对个人功绩的肯定，也是对朝廷忠诚和服从的象征。

③特使马褂：特使马褂是专门为特使宣慰中外的官员打造的黄马褂。这种黄马褂的赏赐对象是那些在外交或军事上取得重大成就、为朝廷立下赫赫战功的官员。特使马褂的质地和颜色与行职马褂和行围马褂相似，但其纽襻的颜色和形状可能因赏赐对象的不同而有所区别。特使马褂的赏赐不仅是对个人功绩的表彰，更是对朝廷威望和影响力的提升。通过赏赐特使马褂，统治者可以向外界展示其强大的统治力和外交实力，从而进一步巩固其政权。

④武功马褂：武功马褂是清朝皇帝为表彰那些立下赫赫战功的武将而赏赐的黄马褂。与行职马褂、行围马褂和特使马褂相比，武功马褂在设计和制作上更加精美和豪华。其质地通常采用上等的绸缎或纱制成，纽襻的颜色也与马褂本身相同，均为明黄色。武功马褂的赏赐对象通常是那些身居高位、功勋卓著的武将。这种赏赐不仅是对其个人功绩的肯定，也是对其家族和部下的荣誉和地位的提升。武功马褂的获得者通常会被视为朝廷的忠臣和勇士，其地位和影响力也会因此得到极大的提升。

（5）披领与领衣。披领是围系在脖子和领子上的一块配饰，像菱形，看上去像一个前面短后面长的披肩。冬季用紫貂或石青色加以海龙缘镶嵌，夏季用石青加片金缘边制作。文武官员、内外命妇及皇帝，皇后穿朝服时配用。清代礼服一般无领，穿时需在袍服上另加一硬领。春秋季节，用浅湖色缎，冬季用绒或皮，这种领子，又称"领衣"，因形似牛舌，故俗称"牛舌头"。

3. 男子一般服饰

（1）长袍。长袍是清代民间比较普遍穿着的一种服饰。长袍有单袍、夹袍和棉袍之分，单袍又俗称"大褂"。长袍造型简练，立领直身，偏大襟，前后衣身有接缝，下摆有两开衩（古时称"缺裤"）、四开衩和无开衩几种类型。皇室贵族为便于骑射，着四面开衩长袍，即衣前后中缝和左右两侧均有开衩，平民则着左右两侧开衩或称"一裹圆"的不开衩长袍。与长袍配套穿着的是马褂，罩于长袍之外。

（2）马甲。在清代，马甲的名目之繁，形式之多，是前所未有的。清代马甲领形大体分为两种，即立领与无领，其中无领又分为圆领及V领两种形式。面料有绸、纱、缎、皮、棉等，一般穿在袍的外面，作为外衣穿用，因此造型也相对窄小合体。其款式可以依衣襟形式进行分类，衣襟形式也是其受到等级尊卑和时尚潮流影响最多的部件形式。常见的马甲衣襟有对襟、大襟、琵琶襟、一字襟、人字襟，以及多用于童装的肩襟。

①对襟是马甲最早的开襟样式，直接传承于宋明时期的比甲。其襟线在前中心线位置，前襟面的左右衣片对齐，不重叠，无叠门，用纽扣或带子系结，是一种对称型襟式（图2-164）。穿着方便，男女通用。

②大襟是传统服装中一种常见的衣襟形式，大襟马甲在清代常见。大襟是前身左片覆盖右片的掩襟形式，也称右衽（图2-165）。

③琵琶襟是一种偏门襟的缺襟设计，衣襟线条上部与大襟相同，只是走势不向腋下而与摆边成垂直延伸，后又转成横线，在前中心线上再成直线（图2-166）。其襟面犹如半个琵琶怀抱于胸前，故名，又被称为缺襟马甲。

④一字襟马甲（图2-167）左右开衩，前身由两片组成，从领下横向截开，在截开处横向钉数对纽襻和纽扣使两片相连，其纽襻或纽扣横向排开，形成一字，故称"一字襟"。因其由十三颗纽扣组成，民间称为"十三太保"。据记载，清代一字襟马甲为王公、贵族、公主及朝廷要员穿用，平民不得擅用，清代官员称为"军机坎"，满族又称为"巴图鲁坎肩"（巴图鲁，满语勇士）。

图2-164　清光绪黄地水仙纹缂丝马甲（美国费城艺术博物馆藏）

图2-165　清晚期湖色暗花缎绣瑞兽花鸟纹大襟马甲

图2-166　清光绪花卉云肩纳纱绣琵琶襟马甲（美国费城艺术博物馆藏）

图2-167　清代草绿漳绒斜万字一字襟马甲（沈阳故宫博物院藏）

（3）裤。清朝男子普遍穿裤，中原一带男子穿宽裤腰长裤，系腿带。西北地区因天气寒冷而外加套裤，江浙地区则有宽大的长裤和于膝下收口的灯笼裤。

（4）帽。

①瓜皮帽（图2-168）：清代男子不分长幼，一年四季都要戴帽，这可

图2-168　清光绪日常戴的瓜皮帽

能与满族的习俗有关。由明入清后，大部分汉族男子的首服都随着"男从女不从"的政令而淹没于历史的尘埃之中时，只有瓜皮帽不仅得到延续，而且愈发流行。清朝初年，瓜皮帽的款式基本沿用六瓣合缝的设计，但也有平顶、尖顶、硬胎、软胎之分。平顶的帽子大多做成硬胎，内用硬纸板为衬，外面絮上棉花。尖顶的帽子则多为软胎，方便折叠，不戴时可以塞进口袋里，俗称"军机六折"。瓜皮帽的质料在春冬季节多用缎，夏秋季节则多用纱。颜色以黑色为主，夹里用红色，富贵人家喜欢用红片金或石青锦缎镶边。帽顶装饰各种颜色和材料的结子，前面钉饰物以辨别前后。

②毡帽：毡帽是农民、商贩和劳动者常戴，有多种款式，如半圆形、顶部较平的样式，大半圆形的设计，四角檐反折向上的款式，以及帽檐可反折成两耳式、折下时能遮住耳朵的样式，还有后檐向上、前檐用作遮阳的样式，甚至有的帽顶呈锥状。士大夫所戴的毡帽，则用捻金线绣有蟠龙图案和四合如意图案，并加有金线缘边，部分还加衬毛里。这种款式的毡帽在北方及内蒙古一带尤为流行。

③风帽：风帽也被称为"风兜"或"观音兜"，主要是老年人所使用的头饰。它可以是夹层的，也可以是棉质的，或者是皮制的，并且以黑色、紫色、深青色、深蓝色等深色布料为主。在清末时期的上海等地，人们开始使用红色绸缎或呢料来制作风帽，有的还会在边缘加上锦缎作为装饰。风帽通常是戴在小帽之上的，而老太太、年长的和尚、尼姑等也会选择佩戴黑色的风帽。

（5）鞋。清朝入关以后，由于气候温暖，人们开始穿着以布料制作的靴，有夹层的，也有棉靴，随季节而更换。按清朝的规定，只有入朝的官员才许穿方头靴。民间男子一律都穿尖头靴，制靴的材料有素缎、青布等。还有一种矮帮的薄底快靴，因底薄，穿着轻便而利于活动，多为士兵和小差官穿着，此外武术练功者也有穿的。清代的鞋有薄底、厚底之分，鞋的材料由缎、绒、布等制作。在民间劳动者有穿草鞋、棕鞋的。在南方，穿木屐的人较普遍，沪地还有一种画屐，是在木屐上画些装饰纹样。

4. 清代军服

清代的军服中，铠甲由甲衣和围裳两部分组成。甲衣的设计很讲究，肩上装有护肩，护肩下方还有护腋，以提供额外的保护。在胸前和背后，各佩有一块金属的护心镜，而镜下

前襟的接缝处则另佩有一块梯形护腹，被称为"前挡"。腰间左侧还佩有"左挡"，右侧则留空，以便佩带弓箭囊等物品。围裳则分为左、右两幅，穿时用带子系在腰间。特别的是，在两幅围裳之间的正中位置，覆有一块与围裳质料相同的虎头蔽膝，增添了铠甲的威严感。

清代的盔帽，无论是铁制还是皮革制品，表面都做髹漆处理。盔帽的前后左右各有一梁，额前正中则突出一块遮眉，遮眉上有舞擎及覆碗，碗上有形似酒盅的盔盘。盔盘中间竖有一根管，用于插缨枪、雕翎或獭尾，管子材质为铁或铜。盔帽的后部还垂有石青等色的丝绸护领、护颈及护耳，上面绣有精美的纹样，并缀以铜或铁泡钉作为装饰。

（三）清代女子服饰

清代初期，遵循"男从女不从"的约定，满汉两族女子基本上保留了各自传统的服饰形制。满族女子的服饰与男子服饰相似，而在乾嘉时期之后，她们开始逐渐模仿汉族服饰，尽管这一行为屡遭禁止，但模仿的趋势却日益明显。汉族女子在清初的服饰基本上延续了明代末年的风格，后来在与满族女子的长期交流中，服饰逐渐演变，最终形成了具有清代特色的女子服饰风格。

1. 清代命妇冠服

清代帝后妃嫔的服饰华贵富丽，奢华考究，丝绸锦缎流光溢彩，刺绣纹饰精美绝伦。清朝皇后服饰有朝袍、朝褂、朝裙、吉服、常服袍、龙褂、行褂等。

（1）朝袍。朝袍为清代皇后礼服，主要用于元旦、万寿、冬至等重大典礼场合。皇后朝袍用明黄色锦缎制作，织绣龙纹。

（2）朝褂。皇后朝褂用石青片金缘为饰，绣龙纹、八宝纹、万福万寿纹等。

（3）吉服。皇后吉服用明黄色，领、袖为石青色，绣金龙。清代龙褂为吉服，罩于吉服袍之外，皇太后或皇后在祝寿、赐宴等重要典礼场合时穿用。据《钦定大清会典》载，皇太后、皇后龙褂"色用石青，绣文五爪金龙八团，两肩前后正龙各一，襟行龙四，下幅八宝立水，袖端行龙各二。"

（4）配饰。

①清朝宫廷贵族女子戴冠，有朝冠和吉服冠，分为冬、夏两种。皇太后、皇后朝冠，冬用薰貂，夏用青绒，表面覆盖红色帽纬，帽顶有三层，各贯一颗东珠，以金凤承接。朝冠四周缀有七只金凤，各饰九颗东珠，一颗猫眼石，二十一颗珍珠。冠后饰一只金翟，翟尾垂珠，共有珍珠三百余颗，中间饰金衔青金石结，末缀珊瑚。朝冠后有护领，上垂二条明黄色织带，末端缀宝石。皇后以下各级命妇，朝冠冠饰，依次递减。

②清代贵族女子头部佩戴金约。金约用来约发，戴在冠下，为镂金圆箍，装饰云纹，镶嵌东珠、珍珠、珊瑚、绿松石等。金约由金箍和后缀串珠两部分组成，金箍的节数和串珠的行数，是后妃等级地位的象征。皇太后、皇后金约为镂金云十三，串珠五行二就；皇贵妃、贵妃为镂金云十二，串珠三行三就；妃为镂金云十一，串珠三行三就；嫔为镂金云

八，串珠三行三就。

③清代贵族女子崇尚佩戴领约。领约为圆箍形，套于领外，约束衣领，上面镶嵌珠宝装饰。皇后领约，镂金装饰，镶嵌东珠11颗，间饰珊瑚，两端垂两条明黄绦，中间贯以珊瑚，末缀绿松石。妃嫔等的珠饰减为七颗。

④清代贵族女子佩戴朝珠。皇太后、皇后穿朝服时佩戴三盘朝珠，一盘为东珠，挂在正中，两盘珊瑚珠，从左右肩过各挂一盘，交叉于胸前。穿吉服时挂一盘朝珠。

⑤彩帨是清代满族贵族女子朝服专属，垂系于胸前衣襟的装饰织带。彩帨上面绣织花纹，下端呈三角形。彩帨使用时佩挂于朝褂的第二颗纽扣上，垂于胸前。不同品级的命妇，彩帨的色彩和织绣纹样不同。皇后彩帨为绿色，绣五谷丰登纹，佩箴管、縏袠等，绦为明黄色。妃嫔彩帨为绿色，绣云芝瑞草纹。皇子福晋彩帨为月白色，无绣纹。

⑥清廷贵族女子耳饰，一耳戴三钳，按清制规定：皇太后、皇后耳饰"左右各三，每具金龙衔一等东珠各二。"徐珂《清稗类钞》中记载，乾隆皇帝曾说："旗妇一耳戴三钳，原系满洲旧俗，断不可改饰。朕选包衣佐领之秀女，皆戴一坠子，并相沿至于一耳一钳，则竟非满洲矣，立行禁止"。

2. 清代满族女子一般服饰

（1）衬衣。清代的女式衬衣设计为圆领、右衽（衣襟从右向左掩）、捻襟（衣襟部分有特定的扭褶或处理）、直筒身形、平袖，不开衩，前面装有五个纽扣。衬衣的袖子有两种形式：一种是舒袖，袖长直至手腕；另一种是半宽袖，即袖口短而宽，并接有二层袖头。此外，袖口内部另外加装装饰性的袖头。这种衬衣是妇女日常穿着的便服，常采用绒绣、纳纱、平金、织花等装饰手法。整件衣裳的周边还会加边饰，到了晚清时期，这种边饰变得越来越多。妇女们常在衬衣外面加上坎肩，秋冬季节则会加穿皮衣或棉衣以保暖。

（2）氅衣。氅衣是清代妇女的一种特色服饰，其款式与衬衣大致相似，但又有独特之处。氅衣在左右两侧开有衩，衩口一直开至腋下，且开衩的顶端装饰有云头图案。氅衣的纹样相较于衬衣更为华丽，边饰的镶滚也更加讲究，体现了清代妇女服饰的精致与考究。纹样的品种繁多，且每种纹样都蕴含着特定的含义。大约在咸丰、同治年间，京城贵族妇女的衣饰上镶滚的花边道数逐渐增多，形成了所谓的"十八镶"装饰风格。这种装饰风尚一直延续到民国期间，仍然备受推崇。

（3）坎肩。坎肩也是妇女常穿的服装，其形制与清代男子坎肩差不多，领口大多做圆领，衣襟有对襟、大襟和琵琶襟等式样，领和衣裾有很宽的缘边。此外，有缘边的短身小花袄和各色花形的花裤，也是满族妇女常穿的衣饰。

（4）马褂。清中期以后，马褂成为清代满族男女咸宜的燕居便服，男女款形制略有区别。男款形制是圆领（晚清有圆立领），对襟，身长及胯，有开裾，袖长分为长短两种，长者及腕，短者及肘，平袖端。女款形制是圆领（晚清有圆立领），身长及胯，有开裾，平袖端，袖长及腕者边饰相对简洁，袖长及肘者边饰繁复。

（5）围巾。清代满族女子在穿着衬衣和氅衣时，会搭配一条宽约2寸、长约3尺的丝带作为围巾。这条丝带从颈后面绕到前面，右端搭在前胸，左端则掩入衣服的捻襟之中。围巾上通常绣有与衣服上花纹相配套的图案，讲究的围巾还会镶有金线和珍珠作为装饰。

3. 清代满族女子的鞋

清代满族女子常穿的旗鞋又称"四闪底""高底鞋""木底鞋"等（图2-169）。

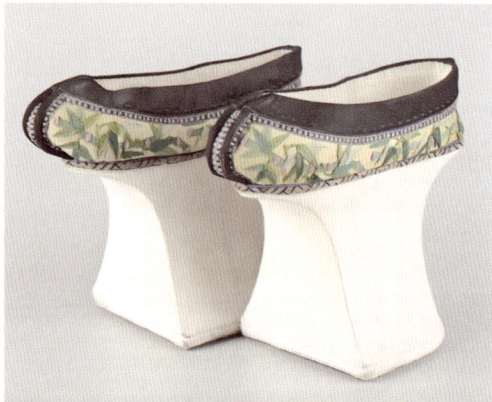

图2-169　清旗鞋

清代宫廷旗鞋种类多样，多以鞋底样式区分、命名。颐和园现藏的这些旗鞋应皆为清宫内府造办处制作，按照鞋底的样式大致分为元宝底鞋、马蹄底鞋、高底鞋三类。鞋底皆为木制，外裱一层白布，再髹白漆，下边缝百纳布底。有些鞋底不着地的部分，其四面或者两面钉缀料石装饰。元宝底鞋，鞋底上宽下窄呈倒梯形，其形状酷似元宝，较具观赏性。花盆底鞋，或称马蹄底鞋，中间细，下端宽，状如花盆，印如马蹄。高底鞋，泛指其他底形的高跟鞋和一些巨型高跟鞋，被宫内统称为"高底鞋"。

鞋身上多用刺绣装饰纹样，工匠们在选用绣线颜色或拼缝材料上用色大胆细腻，呈现出与鞋身缎料对比鲜明的效果。各种图案组合、变化，将"图必有意，意必吉祥"这一思想贯穿在整个纹饰的设计中，并发挥到极致。主要有动物、植物、器物、几何、文字纹样等，取材广泛，组合丰富。

4. 清代满族女子的发式

清代满族妇女的发式，与以往任何朝代都不相同，极具本民族的特点。清入主中原以后，满族妇女的发型仍保持着传统的"辫发盘髻"式。但随着清代各方面礼仪制度的逐步确立，满族妇女的"辫发盘髻"式发型被其他新型的发型所代替。

（1）两把头。嘉庆、道光年间的"两把头"是将头发全绾在头顶，用绳分束两绺，长10～17厘米，垂于脑后，略呈八字形。咸丰、同治时期以后，由竖垂演变成横卧头顶，再将后面的余发绾成一个燕尾式的扁髻，压在后脖领儿上，按两侧的发髻长短分"紧翅""拉翅"两种。

（2）大拉翅。蒙古族语意为"雄鹰的翅膀"，也称"大京样""大翻车"等。据说是在"两把头""如意头""一字头""软拉翅"的基础上，越梳越高，以至于要加青纱或绒、缎装饰的头架和假发，正面饰花，侧面饰穗，盛行于光绪、宣统年间。因是在北京流行的样式，所以又称"京样""宫装"。

（3）燕尾儿。将脑后预留的头发梳成扁平的发髻，下端修成两角，好似燕子尾巴，垂于颈后，长及衣领，名谓"燕尾儿"。得硕亭在其风俗组诗《草珠一串》中描述："头名架子太荒唐，脑后双垂一尺长"，诗下自注："近时妇女，以双架插发际，绾发如双角形，曰架子头。"此外，还有一种在脑后预留头发的扁平翘发"鹊尾头"。

5. 清代汉族女子的服饰

（1）裙。裙在清代是汉族妇女的服饰，而满族命妇除朝裙外通常不穿裙子。但到了晚清，汉满服装开始相互融合，汉满妇女都开始穿裙子。清代的裙子种类繁多，包括如下几种：

①百褶裙：这种裙子前后有约20厘米宽的平幅裙门，下半部为主要装饰区，绣有华丽的花鸟虫蝶等纹饰，并加有缘饰。两侧各打细褶，有的合计为百褶，有的则更多。每个细褶上都绣有精细的花纹，并配有围腰和系带，底摆还加有镶边。

②马面裙：马面裙前有平幅裙门，后腰有平幅裙背，两侧有折。裙门和裙背都加有纹饰，并配有裙腰和系带。

③襕干裙：襕干裙的形式与百褶裙相似，两侧打大折，每褶间镶有襕干边。裙门和裙下摆也镶有大边，颜色与襕干边相同。

④鱼鳞裙：鱼鳞裙的形式也与百褶裙相似，但由于百褶裙的细褶容易散乱，后来就用细丝线将百褶交叉串联起来。轻轻掰开时，褶幅展开如鱼鳞状，因此得名。

⑤凤尾裙：根据《扬州画舫录》的记载，凤尾裙是乾隆初年扬州地区民间的时装。它有三种类型：第一种是在裙腰间下缀绣花条凤尾；第二种是在裙子外面加饰绣花条凤尾，每条凤尾下端垂有小铃铛；第三种是上衣与下裙相连，肩附云肩，下身为裙子，外面也加饰绣花条凤尾和小铃铛。第三种凤尾裙在戏曲服装中被称为"舞衣"，也是新娘的婚礼服。

⑥红喜裙：红喜裙是新娘的婚礼服，有单片长裙和襕干式长裙两种式样。它以大红色地绣花，与大红色或石青色底绣花女褂配套。

⑦玉裙：玉裙是乾隆时期民间流行的一种裙子式样。根据《扬州画舫录》的记载，有24褶的裙子被称为玉裙，是日常穿着的服饰。

⑧月华裙、墨花裙：月华裙和墨花裙都具备一褶中有五色的特色，像皎月耀光华。月华裙可能是用喷染法制成的，后来苏州生产了一种用同类色的经丝牵排成由深到浅的晕色经丝织成的花缎，称为"月华缎"。而墨花裙则是用喷染法"弹墨"制作的，十分别致淡雅。

⑨粗蓝葛布裙：粗蓝葛布裙是满族底层劳动者穿的裙子。这种穿粗蓝葛布裙的习俗在汉族劳动人民及众多少数民族中也有存在。汉族民间不仅用粗蓝布做裙子，还用蓝印花布制作裙子。裙式有蔽膝裙、中短裙、长裙等多种。

（2）云肩。最初的云肩只是用以保持领口和肩部的清洁，后逐渐演变为一种装饰物，而至清代中后期云肩的发展达到了一个鼎盛时期，其装饰意义大于了实用功能。清代的云肩仅适用于达官贵族，尽显奢华，后来的云肩不仅可以作为妇女宴宾场合的礼仪服饰，还可以用来装饰女子的嫁衣。云肩中"云肩必有饰，有饰必有纹，有纹必吉祥"，其纹样与形制，注重装饰的吉祥寓意。

（3）衫袄。清代初期，特别是顺治以后，汉族妇女的衫袄，袖筒较明代妇女的衣袖窄一些，一般在一尺左右。到乾隆后期，由于受江南服饰习俗的影响，妇女衫袄又开始流行宽袖式，其宽度几乎增加了一倍。嘉庆以后，妇女衣装又时兴镶滚边，至咸丰、同治及光绪年间，北方京师（今北京）一带，不论满族，还是汉族，妇女衣装加滚之风盛极一时。这时所加的滚饰已不是一两道、两三道，而是更多，有的甚至加到十余道，所以对这种衣饰，在当时有"十八镶"之说。

（4）披风。披风是一种外衣的形制，设计为披用，通常采用直领对襟的样式，颈部配有系带。它拥有两个长袖，并且在两腋下开有衩口。清代《舜水朱氏谈绮》三卷中所描述，披风为对襟直领，制有衿部，且左右两侧开衩。

（5）裤。仅着裤子而不配裙子的多为侍婢或乡村劳动女子。由于上衣和坎肩较长，裤子在衣下仅露出约一尺长。腰间系有带子，下垂于左侧但不外露，初期带子较窄且下垂流苏，后期则变得宽而长，带端绣有花纹作为装饰。

（6）一裹圆。一裹圆是妇女的一种便服，其特点为四面不开衩。男子也有类似的服装，即前后不开衩的，类似后世的长衫。

（7）一口钟。一口钟又称斗篷，是一种无袖、不开衩的长外衣，满族语称为"呼呼巴"，也称作大衣。它有长短两种款式，领口有抽口领、高领和低领三种选择，男女皆可穿着。官员可在补服外穿一口钟，但蟒服则不允许搭配。行礼时需脱下一口钟，否则被视为失礼。妇女所穿的一口钟常用鲜艳的绸缎作为面料，并绣有精美的图案，里子则可能以裘皮为衬。

6. 清代汉族女子发式

清代汉族女子的发式在清初大体沿用明代风格，随后逐渐发生变化。到了清中叶，开始模仿满族宫女的发式，以高髻为时尚，常将头发分为两把，俗称"叉子头"。还有的在脑后垂下一缕头发，修剪成两个尖角，称为"燕尾式"。此后，圆髻、平髻、如意髻等发式也相继流行。到了清末，又出现了苏州撅、巴巴头、连环髻、麻花等新的发式。年轻女孩则多梳蚌珠头，或梳成左右空心如两翅样的发式，或仅梳辫子垂于脑后。随着时间的推移，梳辫子逐渐普及，成为中青年妇女的主要发式。在头饰方面，北方妇女冬季常用貂皮制作的"昭君套"覆于额上保暖。江南一带则流行戴勒子，勒子上缀有珠翠或绣有花朵，套于额上可掩及耳间。此外，髻上还常饰有簪子，簪子由金、银、珠玉、翡翠等材料制成，有的做成凤形并垂缀珠翠，宛如古代的步摇；还有的做成各种花形，行走时轻微摇动，显得华丽而动人。

7. 清代汉族女子的鞋

清代汉族女子常穿木底弓鞋，因缠足之俗而流行，鞋面上多有刺绣或镶嵌珠宝，光彩夺目。南方地区的女子则偏爱穿木屐。

（四）太平天国服饰

清末，国力逐渐衰弱，帝国主义势力趁机入侵，导致社会生产严重停滞。清朝政府坚持闭关自守，腐朽没落，激起了人民的广泛反抗。1851年，爆发了历史上规模最大的农民起义——太平天国运动。太平天国成员对清朝的衣冠制度表示鄙视，他们剪去辫子，留满额发，甚至宁愿穿着戏班服装行军打仗，将清朝官服随意抛弃、践踏，以此表明与清廷的彻底决裂。

在服饰方面，太平天国建立了自己独特的衣冠服饰制度，既继承了传统，又有所创新。太平天国将领的冠帽有多种样式，如角帽、风帽、凉帽等，其中角帽上饰有龙凤图纹。朝服则分为长袍和马褂两种，长袍为圆领宽袖，上绣纹样以区分职位；马褂则有红、黄两种颜色，同样以颜色来区分职位。

太平天国的士兵平时只准扎巾，不能戴冠，临阵打仗时才允许戴盔，这种盔帽多用竹、篾等材料编成，具有一定的防御性能，被称为"号帽"或"得胜盔"。士兵的平常服装较为随意，多穿杂色短衫，行军打仗时则穿号衣。老年士兵可以不穿号衣，即使无官职也可穿短袄。此外，还有"腰牌"制度，作为士兵出入军营的凭证。

太平天国妇女的服饰虽然有一定规定，但并不严格。妇女一般不戴角帽和凉帽，多用绸缎扎额，冬日也戴风帽。起义初期，许多妇女穿男服或苗装，但定都天京后，随着生活条件的改善，妇女多不再穿男装，而是根据身份地位的不同穿着各式绸缎长袍。这些长袍以圆领为主，领口小，腰身合体，下摆宽松，衣长过膝，左衽，为了方便活动，常在下摆开衩。太平天国女子放开脚，以"天足"显示解放思想，着布鞋。

（五）清代服饰纹样特点

清代服饰文化的发展深受时代变化的影响，其最显著的特点是满汉文化的交融与兼收并蓄。在清代，服饰的装饰性被高度重视，因此服饰上的纹样造型繁复多样，色彩也极为精细华丽，如清代官补中的吉祥纹样包括文官绣禽纹，武官绣兽纹。基本纹样包括太阳纹、云纹和海水江崖纹。其他吉祥纹样包括八宝纹、各种福寿寓意纹等。

第六节 近代

一、近代服饰文化变革

1840年鸦片战争以后，中国逐渐进入近代社会，西方资本主义文化开始大量涌入，对中国的传统服饰文化产生了深远的影响。这一时期的服饰变革，不仅反映了社会风气的转变，也体现了中西文化的交融与碰撞。

在近代初期，男子的服饰主要以长袍、马褂为主，多用于交际场合。而女子的服饰则相对多样，穿着的旗袍成为这一时期妇女服饰的最大特点。旗袍源于满族妇女的旗装，宽大、平直，衣长及足，材料多用绸缎，绣满花纹，领、衣、襟、裾都滚有宽阔的花边。这一时期的旗袍，还保留着较多的传统特色。

进入民国初年，女装开始流行上衣下裙的搭配，上衣的样式多变，领、袖、襟、摆多镶滚花边或刺绣纹样。而到了20世纪20年代，旗袍开始普及，并逐渐受到欧美服装的影响，样式发生了明显的改变。袖口逐渐缩小，滚边也不如从前宽阔，长度也有所缩短，腰身更加收紧。这一时期的旗袍，既保留了中国的传统元素，又吸收了西方的时尚理念，成为中国女性独特的服饰标志。

在民国中期，男子服饰也出现了新的变化。除了传统的马褂和长衫外，学生装和中山装开始流行。学生装以其方形立领、简洁大方的设计，给人一种精神、庄重之感。而中山装则是孙中山先生所喜爱的服饰，其样式与现在的中山装有所不同，但也体现了近代服饰的革新与变化。此外，西装也开始流行，进一步推动了服饰的西化进程。

在20世纪20年代的中晚期，妇女的服饰更加趋向于西式。除了旗袍外，袄裙也成为一种流行的服饰样式，其特点为立领、宽袖口、露肘的短袄及长裙。这一时期的服饰，既体现了中国女性的传统美，又融入了西方的时尚元素。

而劳动人民的服饰则相对保守，主要以中式衫袄和中式抿裆裤为主。这是由劳动人民的经济条件和生活方式所决定的，但也体现了近代服饰文化的多元性和层次性。

近代服饰文化的变革，不仅仅是服饰样式的变化，更是社会风气、思想观念和文化交流的体现。西风东渐，使得中国人的服饰观念逐渐开放，开始接受并模仿西方的服饰风格。这一时期的服饰变革，既保留了中国的传统特色，又吸收了西方的时尚理念，形成了独具特色的近代服饰文化。

二、男女服饰特色

（一）中山装

中山装是以中国近代伟大革命先驱孙中山先生命名的服装，不仅承载着深厚的文化底蕴，更见证了中国近现代服饰的变革与发展。它融合了日式学生服的简约与中式服装的传统元素，形成了独特的立翻领、四贴袋、有袋盖的设计风格。如图2-170所示，为1955年周恩来出席亚非会议穿着的浅色中山装。

中山装的设计源于孙中山先生对服装改制的深刻思考。他认识到，西服虽好，却不适应中国人民的生活习惯，且在正式场合会见外宾时有损国体。而传统服式又过于陈旧，难以与封建体制相区分。因此，他萌生了设计一种新型制服的念头。在留学美国和日本期间，孙中山深受西式军便服和日式学生服的影响，这些服装的裁法和结构为他设计中山装提供了灵感。经过不断修改与完善，中山装最终定型，成为一款既具有时代特色又符合中国国情的服装。

中山装的样式大约在20世纪20年代初基本成型，其基本形制是：立翻领、四个有笔架

图2-170 1955年周恩来出席亚非会议穿着的浅色中山装

形袋盖的贴袋、袋盖上有纽扣，前门襟有七粒纽扣、袖口有三粒扣、背部有腰带和开衩。此后，中山装虽然在款式上有个别的变动，但总体变动不大，主要的改动就是把七粒扣改为五粒扣；后背取消腰带、开衩；上口袋有褶裥式的贴袋改为平贴袋。这些改变在20世纪30年代完成后，中山装的形制基本稳定下来。

中山装的制作工艺十分讲究，领角要做成窝势，袖子前圆后登，前胸处要有胖势，四个口袋要做得平服，丝缕要直；面料则根据用途的不同而有所选择，礼服用的中山装面料质地厚实、手感丰满，便服用的则相对灵活多样；色彩方面，中山装的色彩丰富多样，除常见的蓝色、灰色外，还有驼色、黑色、白色、灰绿色、米黄色等。一般来说，南方地区偏爱浅色，而北方地区则偏爱深色。在不同场合穿用，对其颜色的选择也不一样，作礼服用的中山装色彩要庄重、沉着，而作便服用时色彩可以鲜明活泼些。

如今，中山装虽然已经不再是人们日常穿着的主要服装，但它作为中国近现代服饰文化的瑰宝，仍然被人们所铭记和传承。它不仅是中国服装史上的里程碑式变革，更是中国

近代文化发展的一个重要外在表现。

（二）旗袍

20世纪上半叶，旗袍是由民国服饰设计师参考满族女性传统旗服和西洋文化基础上设计的一种时装。旗袍经历了百年的历史沧桑，由中华女性最具代表性的传统服装转变成为中华民族的文化符号之一。在社会的多元文化格局中，由于中国政治、经济、文化语境的不同，中国的现代艺术从其产生之初就具有自身的艺术史价值和独特的文化现实意义。

中国旗袍款式几经变化，从衣领的高低、袖子的长短、开衩的高低等进行变化，使旗袍彻底摆脱了老式样，改变了中国妇女长期来束胸裹臂的旧貌，让女性体态和曲线美充分显示出来，正适合当时的风尚，为女性解放立了一功。青布旗袍的女学生、十里洋场中的女郎明星等都为旗袍的风行树立了标杆，这之后，旗袍几乎成了中国妇女的标准服装，民间妇女、学生、工人、达官显贵的太太，无不穿着。

旗袍的样式很多，开襟有如意襟、琵琶襟、斜襟、双襟，领有高领、低领、无领，开衩有高开衩、低开衩等。虽然旗袍款式千变万化，最主要的还是袖式、襟形的变化。襟形款式主要有圆襟、直襟、方襟、琵琶襟等。如图2-171所示，为中国丝绸博物馆馆藏的卷云纹绸倒大袖旗袍，这件旗袍立领大襟，倒大袖，下摆长至小腿中部，袍身平直较宽松。这款旗袍源于长马甲与短袄合并和演变，在20世纪20年代中叶开始流行。

图2-171 卷云纹绸倒大袖旗袍（中国丝绸博物馆藏）

第三章 服饰文化符号学解读

第一节　中国传统服饰的艺术文化符号

人类社会的发展与进步离不开符号化和符号行为。简而言之，符号化指创造一个符号的过程。服饰之所以成为个体展现自我风格的符号，很大程度上在于它是一种视觉符号，能够直观且深刻地通过感官体验传达个体的身份认同与情感表达。服饰上的图案不仅是人们审美情趣的体现，更是连接个体意识与外界世界的纽带，共同构建了一个具有统一意义的世界。

一、服饰图案的符号学解读

（一）服饰图案的能指特征

服饰图案的能指特征，即图案作为符号系统中的"能指"部分所展现的直观特点，是服饰图案传递特定信息、给予受众心理印象或感知的符号化基础。以唐朝服饰上的宝花纹为例，这一中国传统服饰中极具代表性的装饰纹样，充分展示了服饰图案能指特征的丰富内涵。宝花纹作为一种符号，承载着深厚的文化内涵和历史背景。它经历了从西域特征的团窠联珠环到符合中国审美特征的花卉环的转变，这一过程体现了外来文化与本土文化的碰撞与融合。随后，通过进一步的演变，宝花纹形成遵循一定图案模式的团窠花卉纹样，并在唐开元时期达到了全盛。在不同时代背景下，宝花纹的形状、颜色等能指特征也在不断变化。这些变化不仅反映了当时的社会背景、审美风尚和文化意识，还赋予了宝花纹不同的定义和内涵。

宝花纹以"十"字、"米"字（图3-1）为艺术构架，以圆形辐射或正菱形辐射为基型。在此基础上，以圆心（花心）为中心，再分别以四出、八出、六出、五出的花瓣基数向外排列，做出层层放射的圆形或菱形方形适合的装饰纹样。

宝花纹的花瓣、蓓蕾及枝叶组合也以上述原则为基础，做疏密适度、变化有

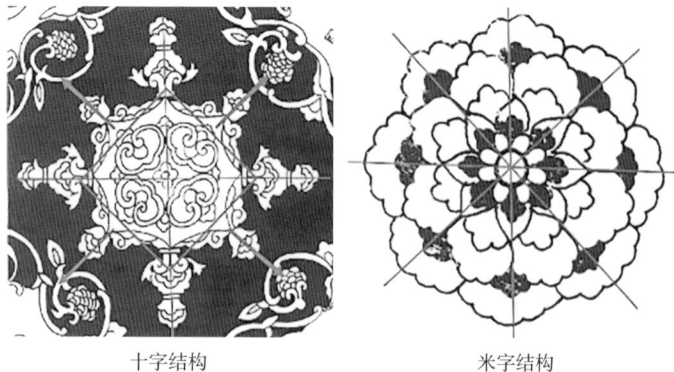

十字结构　　　　　　　米字结构

图3-1　宝花纹艺术构架

致的有序对称布局。其整体纹样造型圆润、外观华丽、
构成骨架统一规整、对称有序，具有静态、平衡的造
型之美（图3-2）。

　　宝花纹的呈现方式大致有三种，即辅助纹样、团
窠主纹、复合纹样。第一，辅助纹样。作为辅助纹样
的宝花纹是"宾花"的一种，多以"十"字为艺术构
架的宝花纹为主（图3-3）。作为辅助纹样的宝花纹多
存在于四方连续纹样中，由此形成纹样排列的主次和
疏密关系，使装饰效果更加丰富。

图 3-2　宝花纹示例

图 3-3　唐立狮宝花纹锦

　　第二，团窠主纹。"团窠"是指圆形或近似圆形的纹样单位，它是以环形纹样带围绕
形成的圆形区域中设置相关主题纹样的排列形式，其中的主题纹样可以是动物题材，也可
以是花卉题材。作为团窠主纹的宝花纹外形为圆形或近似圆形（图3-4），整体纹样饱满、
富贵、绚丽，充分展现唐代气象，且极具传统意蕴。

　　第三，复合纹样。复合宝花纹是以宝花纹的外层花环与其他装饰主题复合在一起的纹
样（图3-5），最典型的是"陵阳公样"。

　　在唐朝时期，宝花纹呈现出一种独特而富有深意的能指特征。这些图案多表现为首尾
相连、连绵不绝的样式，象征着无穷无尽与无限延续的美好寓意。宝花纹以圆形为主，环绕
四周，没有明显的起点和终点，给人一种圆满、完整的视觉感受。这种圆形的宝花纹不仅

图 3-4　团窠花卉纹

图 3-5　宝花朱雀纹锦

具有极高的审美价值，还蕴含着团圆、富强的深刻寓意，与当时唐代社会以胖为美的审美观念相得益彰。这种图案设计不仅符合唐代人的审美偏好，也反映了他们对幸福、和谐生活的向往和追求。因此，唐朝时期的宝花纹不仅是一种装饰纹样，更是一种承载着丰富文化内涵和象征意义的符号，通过其独特的能指特征，传达着当时社会的审美观念和文化精神。

（二）服饰图案的所指解读

符号的本质在于其作为一种关系的存在，而服饰则是这种关系的一种具体体现，通过其能指（即服饰图案的直观特征）来传达所指（即服饰所蕴含的深层意义）。服饰作为一种展现自我、表达意味的符号，其所指正是那些通过服饰的能指所传达的、无法直接言说的意义，如主体的欲望、价值观念以及社会时尚等。

这种关系随着时间和历史的发展而不断演变。通过对比分析，我们可以构建一种符号表意结构的分析模式，以更深入地理解服饰图案的所指。以唐朝服饰上的宝花纹为例，宝花纹作为和合之花的象征，彰显了其内在的和合文化所指。这种和合文化主要体现在宝花纹的题材选择、结构布局以及审美意蕴的和合统一上，使得宝花纹成为展现唐代服饰文化底蕴和艺术特色的典范。

1. 中外题材的兼容之和

宝花纹作为一种集多种纹样于一体的组合形式，其演变历程充满了文化的交融与创新。早期，宝花纹以莲荷形态为基础，随后牡丹花逐渐成为其主导元素。在宝花纹的取材中，既有源自印度佛教的莲花形象，又有来自地中海一带的忍冬和卷草，还有中亚盛产的葡萄和石榴。这种广泛的题材选择，得益于唐朝统治者的开明政策和对各国各地区文化的开放包容态度。在唐朝时期，中国传统文化、异域文化和宗教文化得到了全面而广泛的交流与传播，为宝花纹等植物纹样的创新提供了肥沃的土壤。

宝花纹的题材创新并非简单的异质要素罗列或机械组合，而是体现了和合文化"和实生物，同则不继"的深刻思想。在宝花纹的创作过程中，各种文化元素通过"和"的方式相互融合，创生出新的艺术形态。宝花纹在吸纳外来植物纹样的同时，也融合了本土的牡丹、芍药、蔷薇等，取其精华，去其糟粕，形成了具有特定寓意和艺术气质的复合花纹。这种题材上的兼容并蓄，使得宝花纹在整体外形上呈现出圆润饱满、和谐统一的特征。它不仅体现了中外文化的交流与融合，也展示了唐朝时期服饰纹样的独特魅力和审美思想。

2. 有序对称的结构之和

和合文化强调在阴阳辩证统一中呈现出和谐、有序、花纹对称的美学图景的设计，这种理念在宝花纹中得到了淋漓尽致的体现。宝花纹作为一种团窠花卉纹，不仅展现了结构布局的规律性和规则性，更在总体结构上呈现出高度的对称性（图3-6）。

在宝花纹的内部构成中，花瓣、蓓蕾及枝叶等元素的组合也是基于这种构成基架和基型，进行疏密适度、变化有致的有序对称布局。此外，宝花纹内部装饰的边饰纹样也大多采用对称式分布，构成骨架统一规整，进一步增强了整体图案的和谐与美感。

图3-6　对称性

宝花纹的色彩构成同样体现了有序性的原则。它采用退晕的设色方法，以浅套深逐层变化，色彩华丽而端庄，既不过分张扬，也不失其富丽堂皇。这种色彩构成方式使得宝花纹在视觉上呈现出一种饱满而不刻意、丰腴而不呆板的效果，整体构图浑然一体，形成了独特的"和花"之美，超越了自然形象的花，展现出更加绚丽多姿的艺术魅力。

3. 形与意的意蕴之和

中国古代的审美判断和美学思想强调"外师造化，中得心源"，即通过内心感悟使形象更加深刻，并在形象之外寄托精神以表达情感，实现物境与心境的和谐统一。宝花纹的审美价值在于其形与意的和合的属性。中国艺术多倾向于"写意"，宝花纹虽然基于真实花卉进行写实，但也融入了写意的元素。它在自然花卉的基础上，通过想象力进行夸张、变化和组合，创造出既似某花又非真实原型的花形。例如，叶子中长出莲花，牡丹花中生出小石榴，都是在"意"的指导下对各种花卉进行浓缩后产生的新形象。和合文化的审美还注重"象外之象"，即对"两重意"的进一步发展，是重合、重内的产物，受"和"的思想的制约。在中国传统文化中，花常象征美好，也是人格风范的象征。宝花是自然界不存在的花，最初以佛教的莲花为造型基础发展而来。莲花被称为"佛教之花"，常被赋予神圣的含义，象征清、静、圣、洁。后来，宝花以牡丹花为母体，牡丹的雍容华贵成为唐朝盛世的主流象征，"国色天香"确立了牡丹在唐朝的地位，体现了唐朝的辉煌与雍容华贵。这种变化反映了宝花向世俗化发展的趋势，其宗教色彩减弱，经过艺术加工，融合了多种花卉的形象特征，形成了一种理想的复合花瓣花卉纹样，象征富贵、美满和幸福。

4. 整体和谐的构思之和

和合文化是对宇宙世界不断变化中寻求整体稳定性的探索，强调异质要素有序、有机结合以及内外环境的和谐共生，以实现真正的"和"。这种整体和谐观在服饰上的宝花纹设计中得到了体现。唐朝人根据审美需求，将形式美和内容美兼具的宝花纹在服饰面料上进行整体布局和构思。设计师们会根据服饰面料的材质、底色、幅宽以及服饰的具体部位，对宝花纹进行和谐的排列与组合，使整体纹样融为一体，与服饰面料相得益彰。宝花构成的四方连续植物纹样在面料上呈现出韵律统一、整体感强烈的装饰风格，或者宝花纹样与其他纹样相间装饰，增强了整体纹样的装饰效果。例如，大窠宝花纹锦（图3-7）展现了唐代织锦纹样在整体和谐构思上的卓越成就。宝花纹样至唐朝中期演化出"蕾式宝花"，其装饰手法以多层次晕裥技法为核心，将花瓣、叶片与花蕾以侧面视角巧妙结合。初观时，花蕾的形态与花瓣相互映衬，浑然一体；随着工艺发展，花苞在纹样中的比重逐渐增大，通过色彩的渐变与形态的叠合，使宝花呈现出富丽堂皇、雍容华贵的视觉效果。尽管纹样包含花瓣、叶、花蕾等多元元素，但多层次晕裥技法赋予其秩序感：花瓣的舒展与花蕾的内敛形成节奏对比，侧面造型的统一处理让繁复细节归于和谐，整体构图既保留了盛唐艺术的饱满张力，又通过色彩与形态的呼应达成浑然天成的韵律美。这种将自然物象与工艺技法高度融合的设计，不仅彰显了唐代织锦"错彩镂金"的审美追求，更以层次分明、繁而不乱的布局，诠释了东方艺术中"和而不同"的造物哲学。

图3-7　唐大窠宝花纹锦（美国大都会艺术博物馆藏）

二、服饰色彩的符号学解读

服饰色彩的符号意义分为能指意义和所指意义。能指意义指的是色彩本身所具有的色相、明度、纯度等视觉特征，它们直观地传达了服饰的品质、价值、功能和用途等信息。所指意义指的是服饰在被穿着时，色彩所代表的职业、地位、性格、性别、信仰、嗜好以及心理效应等。

（一）服装色彩中的能指符号

美国哲学家查尔斯·莫里斯将符号学分为符号关系学、语义学和语用学，这为从传播学角度研究服饰色彩符号学提供了理论指导。在服饰色彩的符号学研究中，符号关系学关注服饰色彩符号与其他符号系统之间的互动关系，探讨它们在传播情景中的相互作用。语义学深入剖析服饰色彩符号与其所指物之间的内在联系，揭示色彩如何成为特定意义的载体。而语用学着重研究符号与人之间的关系，探讨服饰色彩如何在人类活动中发挥作用，以及人们如何解读和运用这些色彩符号。

以黑色为例，这一极色作为服饰色彩中的能指符号，具有独特的魅力和多重意义。黑色，作为明度最低的色彩符号，在古典小说中常被用作"夜行衣"的颜色，利用其在黑夜中的不可见性来达到隐藏身体的目的。在服饰搭配中，黑色更是展现出其万能搭配的特性，可以与任何颜色相得益彰，使服饰的视觉效果更加清晰明朗。

在我国一些少数民族服饰中，黑色常常作为底色出现，与红、绿、黄、蓝、桃红等鲜艳色彩搭配而成的装饰图案形成鲜明对比。黑色不仅调和并衬托着其他色彩，使服饰色彩呈现出生动鲜明、艳而不俗的效果，同时也充分展示了自己的独特魅力，增强了服饰的层次感，丰富了设计内涵。

在现代运动装与户外装中，黑色的搭配运用更是普遍。它兼具功能与审美的统一，既能使服装色彩更加鲜艳明亮，充分体现并发挥出运动户外服装色彩的功能性；又能利用黑色的视觉收缩功能，使形体显得修长，展现出形体的曲线美。黑色在服饰中的隐藏、万能搭配功能和富有视觉美感的能指意义，使其在众多色彩中脱颖而出，成为服饰色彩中不可或缺的重要元素。

（二）服装色彩中的所指符号

1. 情感属性

色彩本身是一种无生命的物理现象，但在人类丰富的视觉经验熏陶下，却被赋予了深厚的情感内涵。英国生理学家T.杨（T. Young）与德国物理学家赫姆霍尔兹（H.L.F. von Helmholtz）通过研究红、绿、蓝光学三原色的混合规律，揭示了色彩产生的奥秘。当光学三原色的刺激量为零，即无色光刺激时，便呈现为黑色。

黑色在心理与生理层面，往往被视为一种带有消极意味的色彩。在服饰设计中，大量运用黑色元素，容易激发人们对黑暗、黑夜的联想，从而引发寂寞、沉默、神秘、悲哀、恐怖、罪恶乃至消亡等不祥的意象。然而，黑色也并非全然负面，在正式场合，人们常选择黑色服饰，给人严肃、含蓄而庄重的感受。

2. 等级意义

黑色在中国历史中是象征尊贵与吉祥的高等级色彩之一，常被古代统治者所服用，它在服饰的发展历程中一直保持着独特的韵味和显赫的地位。在中国文化里，黑色代表天玄，象征北方，对应五行中的"水"，是五色之一。古人认为黑色是支配万物的颜色，夏、商、周时期的天子冕服均采用黑色上衣，以此彰显帝王的至高无上。夏王朝延续了"尚黑"的传统，将黑色提升为国家的标准色，使其成为夏朝文化的一个显著特征。秦始皇自诩"水德"，身着黑色袍服，寓意国家政权稳固、法律制度长久不衰。天子佩戴白玉时要用黑色绶带以示尊贵吉祥，而玄端这种黑色礼服更是中国古代尊贵礼服之一。东汉时期，黑色被定为冬服之色，官员上朝时需穿黑色禅衣。宋代的皂（黑）衫是士大夫的社交服装，常与乌纱帽、角带、革靴搭配。十二章纹作为封建等级制度的体现，其主色是黑色，代表着最高的等级。历经各朝代的积淀，服饰中的黑元素符号已成为人们心目中崇高社会地位的象征。统治者选择具有象征意义的服饰黑元素符号作为身份地位的标志，逐渐建立起某种含义与形式之间的对应关系。

3. 身份标识

在现代社会，黑色元素的身份标识意义更加多元丰富。在文化现象中，不同形态的街头文化对服饰中黑元素的所指意义有着独特的诠释方式。

第二次世界大战后，法国巴黎出现了一种名为"现代波希米亚黑"的黑色装束，它成为披头士乐队中的知识分子、艺术家和学生的标志性服装。这种装束包括黑色套头毛衣、男性的黑色长裤、女性的黑色裙子以及黑丝袜。在美国，许多专业和业余的舞蹈家偏爱一种与"现代波希米亚黑"密切相关的"舞者黑"——黑色的紧身运动服或紧身衣、芭蕾舞鞋和舞裙。对舞者而言，这种服装象征着生命中敏感而庄严的前景，以及对舞蹈艺术的炽热奉献。

20世纪40年代，"飞车党黑"应运而生。马龙·白兰度在电影《飞车党》中身着黑色皮夹克、黑色长裤、黑色T恤，佩戴墨镜的形象，在当时青年劳动阶层中广受欢迎，在英国，这种形象被称为"洛克风貌"。20世纪70年代的朋克则以黑色皮革紧身衣彰显对性的崇尚。20世纪80年代，随着"歌特摇滚"音乐风格的兴起，哥特服饰时尚随之流行。黑色摩托皮夹克、黑色紧身牛仔裤、黑色网眼丝袜和黑色飞行太阳镜成为哥特族的标志性装扮，他们通过这种充满反抗情绪的黑色服饰来表达"黑暗的力量"。

在商业领域，黑色西装成为高层管理人员的标准着装。

4. 象征寓意

由于气候风土、文化传统和宗教信仰的差异，中国各民族形成了各具特色的色彩习俗，其中，将黑元素融入本民族主要服饰中的少数民族不在少数。

彝族是对黑色充满崇敬与热爱的民族之一。他们视黑色为黑虎的象征，传说远古时代彝族先民源自黑虎氏族，黑虎赋予了世间万物生命与力量。因此，崇黑尚虎的传统在彝族民间得以世代传承，黑色服饰成为他们民族身份与文化认同的重要标志。

阿昌族和拉祜族同样以黑元素象征黑虎，并将其巧妙地融入本族的服饰设计中，展现出独特的民族风情。而"黑衣壮"作为壮族中的一个特殊族群，更是以黑色服装为美，将其作为穿着和民族的标记，寓意着吉祥与安康。

此外，哈尼族、仫佬族、布朗族、苗族等民族也尚黑，他们将黑色视为一种庄重、沉稳的颜色，寓意着民族的坚韧与不屈。维吾尔族则将黑色视作高贵与神秘的象征，秋冬时节，黑色成为他们首选的服饰颜色，彰显着民族的独特魅力。

在西方世界，黑色的象征意义也曾经历过变迁。曾几何时，黑色被视为悲伤、罪恶和死亡的象征。然而，随着时代的推移，服饰中的黑元素逐渐演化出积极正面的符号意义，为世人所喜爱。如今，黑色西装（Black Suit）和黑色礼服（Black Dress）已成为西方人的正式服装，象征着庄重、威严和尊贵。交响乐团的成员在表演时身着黑色西服，彰显着音乐的尊严与肃穆；法官则穿着黑色袍服，象征着法律的权威与公正。

在色彩的选取和运用上，各时代、各民族都有着自己的独特追求。黑色元素作为一种特定的符号概念，与各个时代、不同民族的文化审美、身份标识及象征意义紧密相连，共同传递和展示着这一时期的特点。通过解析服饰中的黑色元素，我们可以透视出一个时代、一个民族的意识、精神和性格，更可以感受到一个时代审美和文化的真实再现。

三、服饰民俗的符号学解读

自古以来，不同民族文化孕育了各具特色的民俗符号，这些象征代码随着时间的推移，逐渐成为百姓约定俗成的符号化语言，在日常生活和相互交流中发挥着至关重要的作用。服饰民俗具有丰富的文化内涵。崇宗敬祖，强调礼仪伦常，如在人生最重要的诞生礼、成年礼、婚礼和丧礼中的四次换装，每次换装都有不同的方式、不同的内容，体现了中国的礼仪伦常和崇宗敬祖的观念。求吉心理，如彝族妇女戴鸡冠帽，认为可以避邪，缀饰帽上的大小银泡，则是月亮星星的象征，以示光明永在，幸福长存。表现民族的自我意识，穿着同一种服饰的人时时都传递着一个信息：我们是同一民族。

（一）汉族服饰民俗

汉族服饰文化源远流长，迄今已有上万年的历史。考古学家发现骨针、骨椎及一些人工制作的装饰品，如白色钻孔的小石珠，黄绿色的钻孔砾石，穿孔的兽牙、鱼骨等。这些发现表明，早在上万年前，我们的祖先就已经能用兽皮缝制衣服，创造了与采猎经济相适应的服饰文化。

进入农耕经济后，纺织业随之兴起，人类的服饰大为改观。考古学家发现的葛布残片及苎麻布与以家蚕丝为原料的丝线、丝带和绢片可以证实，我们的祖先进入了耕而食、织而衣的时代。

（二）少数民族服饰民俗

1. 满族

满族袍服中最具特色的是旗袍。满族妇女的旗袍最初是长马甲形，后演变成宽腰直筒式，长至脚背。领、襟、袖的边缘镶上宽边作为装饰。坎肩是满族服饰的重要组成部分，其制作精致，不仅镶有各色花边，而且绣有花卉图案。满族人把深绛色看作福色，倍加喜爱。崇尚白色，常用作镶边的饰物。满族妇女擅长刺绣，服饰的衣襟、鞋顶、荷包及枕头上，到处都可看到龙凤、鹤鹿、花草等吉祥图案。

2. 朝鲜族

朝鲜族男服为短款上衣，斜襟、左衽、宽型袖筒，下身穿宽腿、肥腰、大裆的长裤。外出时喜欢穿斜襟长袍，无纽扣，以长布带打结。女服则为短衣长裙，喜欢选用黄、白、粉红色衣料。朝鲜族的鞋从木屐、草履到草鞋、麻鞋。

3. 蒙古族

蒙古族男女老少都喜欢穿长袍，春秋穿夹袍，夏季着单袍，冬季着棉袍或皮袍。男袍一般比较宽大，尽显奔放豪迈；女袍比较紧身，以展示出身材的苗条和健美。男装多为蓝、棕色，女装喜用红、粉、绿、天蓝色。蒙古族服饰包括首饰、长袍、腰带和靴子。腰带是蒙古族服饰的重要组成部分，用长 3 ~ 4 米的绸缎或棉布制成。靴子分皮靴和布靴两种，做工精细，靴帮等处有精美的图案。佩挂首饰、戴帽是蒙古族的习惯，玛瑙、翡翠、珊瑚、珍珠、白银等珍贵配饰使蒙古族的首饰富丽华贵。

4. 维吾尔族

维吾尔族男子穿绣花衬衣，外套斜领、无纽扣的裕祥，裕祥身长过膝，外系腰带。在北疆，因天气较寒冷，外套常常有纽扣。维吾尔族女子喜欢穿色彩艳丽的连衣裙，外面套穿绣花背心。男女皆喜头戴绣花小帽，脚穿长筒皮靴。维吾尔族在服装用料上喜欢选用纯毛、纯棉、真丝、真皮，女子喜欢佩戴耳环、戒指、手镯、项链等饰物。手工刺绣是维吾尔族的传统装饰工艺，衬衣、背心及小圆帽上均绣有花纹图案。

5. 哈萨克族

哈萨克族是以草原游牧文化为特征的民族，服装便于骑乘。男子服装主要有皮大衣、皮裤、衬衣、长裤，多选用白布为原料制作而成。青年男子喜欢衣领处绣有花纹的套头式衬衣，女子多穿以绸缎、花布、毛纺织品缝制的连衣裙，喜欢选用红、绿、淡蓝等颜色。

6. 回族

回族在服饰上最具有民族特色的就是礼拜帽，帽子通常用白布制成，样式为无檐小圆帽，也有黑色的，最初是作礼拜时戴的。回族妇女喜欢戴披肩盖头，只把脸露在外面。

7. 藏族

藏族服饰在藏族文化中占有重要地位。农区男子一般穿黑白氆氇（藏族地区出产的一种羊毛织品，可做床毯、衣服等）或哔叽藏袍，衣裤套穿在白衬衣上，外束色布或绸子腰带。女性藏袍的用料同男装，冬袍有袖，夏袍无袖，内衬各色绸衫，腰前围一块毛织的彩色横条帮典，风格独特。牧区男子多穿肥大袖宽的皮袍，大襟、袖口、底边等处都镶有平绒或毛呢，外束腰带。妇女也穿皮袍，皮袍以围裙料和红、蓝、绿色呢镶宽边，美观漂亮。

8. 傣族

傣族男子多穿对襟或大襟无领短衫，肥筒长裤，少数人穿深色筒裙，用白、青、浅蓝、淡黄色的布包头。女子上身穿白色、绯色或淡绿色紧身窄袖短衫，下身着各种花样的长及脚背的筒裙，束银腰带；喜欢留长发，挽髻于顶，插梳子或鲜花，典雅大方。

9. 白族

白族崇尚白色，男子的包头，女子的帽箍，男女上衣、裤子都喜欢用白色或接近白色的浅绿、浅蓝等颜色。白族妇女常将色彩艳丽的图案绣在挂包、裹背、腰带、包头布、鞋等饰物上。

10. 纳西族

纳西族最具特色的服饰是妇女的七星披肩，并缀以圆形花片。双肩各有一个大的，背上并列七个小的，分别象征日、月、星辰，表示披星戴月勤劳不息，恶鬼不敢近前。

11. 彝族

彝族服饰款式繁多，一般男女上衣右开襟、紧身，袖口、领口、襟边都绣有彩色花边。身披羊毛织成的斗篷擦尔瓦，颜色多为黑色或羊毛本色。男女下装有所不同：男子下装有三种不同大小的裤脚，最大的有2米，最小的仅能包住脚颈；女子下装为拖地的百褶裙，是由几种不同颜色的布料连接起来的，缝合处粘贴花边，绚丽多姿，十分漂亮。

12. 侗族

侗族男子上衣有对襟、左衽和右衽三种，下身着长裤，裹绑腿。缠头布为3米长的亮布，两端用红绿丝线绣着一排锯齿形图案。盛装时戴银帽，并佩戴其他银质饰物。女子穿裙时，上身以开襟紧身衣相配，胸部围青色刺绣的剪刀口状的兜领；裹绑腿穿裤时，以右衽短衣相配。盛装时，妇女多穿鸡毛裙，也有穿右衽无领上衣，以银珠为扣，环肩镶边，足蹬翘尖绣花鞋。

13. 苗族

苗族妇女较典型的装束是短上衣和百褶裙。苗族衣料过去以麻织土布为主，普遍使用独具特色的蜡染、刺绣工艺。裙子以白色、青色居多，服饰的用料、颜色、款式、刺绣等方面，极具民族风格。

14. 布依族

布依族男子上身穿对襟或大襟短衣，下身着长裤，也有穿长衫长裤，缠青色或花格头巾，色调以青蓝色或白色为主。女子上身穿大襟短衣，下身着长裤，衣襟、袖口等处镶彩色花边，裤脚处也镶有花边，头缠青色或花格头巾，或将白色印花头帕搭在头上。青年女子的胸前还挂着绣有漂亮花纹图案的围腰。

15. 壮族

壮族男子多穿对襟上衣，纽扣以布结之；胸前缝一小兜，与腹部的两个大兜相配，下摆往里折成宽边；裤子短而宽大，有的缠绑腿；扎绣有花纹的头巾。女子穿藏青色或深蓝色矮领、右衽上衣，衣领、袖口、襟边都绣有彩色花边；下身着黑色宽肥的裤子，也有穿黑色百褶裙。

16. 瑶族

瑶族各支系服饰存在较大差异。男子服装以青蓝色为基本色调，以对襟、斜襟、琵琶襟短衣为主，也有的穿交领长衫，配长短不一的裤子，扎头巾、打绑腿，朴实无华。女子有穿大襟上衣，束腰着裤；有穿圆领短衣，下着百褶裙；还有穿长衫配裤。瑶族服饰的挑花构图风格独特，整幅图案均为几何纹。瑶族头饰特点突出，有龙盘形、A字形、飞燕形等。

17. 京族

京族服饰特点鲜明，简便飘逸。男子一般穿及膝长衣，袒胸束腰，衣袖较窄。女子内挂菱形遮胸布，外穿无领、对襟短上衣，衣身较紧，衣袖较窄，下身着宽腿长裤，多为黑色或褐色。

18. 毛南族

花竹帽是毛南族手工艺品中的精品，毛南族妇女视其为精美、珍贵的装饰品。帽顶编几十个蜂窝眼，内衬油纸及花布，使蜂窝眼与周围花纹相互映衬，极其美观。花竹帽防雨防晒，兼具实用性与装饰性。

19. 土家族

土家族男子穿琵琶襟上衣，缠青丝头帕。女子着左襟大褂，滚两三道花边，衣袖宽大，下身着镶边筒裤或八幅罗裙，喜欢佩戴各种金、银、玉质饰物。

20. 畲族

畲族男子一般穿着色麻布圆领、大襟短衣，长裤，冬天套没有裤腰的棉套裤；老年男子扎黑布头巾，外罩背褡；结婚礼服为青色长衫，祭祖时则穿红色长衫。女子服饰因居住地区不同，款式各异。其中以象征万事如意的凤凰装最具特色，即在服饰和围裙上刺绣各种彩色花纹，镶金丝银线，高高盘起的发髻扎着红头绳，全身佩挂叮叮作响的银器。

21. 黎族

黎族男子一般穿对襟无领上衣和长裤，缠头巾插雉翎。女子服饰有地区差异，如穿黑色圆领贯头衣，领口用白绿两色珠串连成三条套边，袖口和下摆以贝纹、人纹、动植物纹等装饰，前后身用小珠串成彩色图案，下身穿紧身超短筒裙，花色艳丽。

第二节　中国传统服饰的礼仪文化符号

"礼"起源于夏商时期的祭祀天地神灵及尊祖、祭祖的仪式规范，经过夏、商、周三代的发展演化，逐渐形成了一套涵盖典章、制度、规矩和仪式的完善体系。在中国古代社会，"礼"与政治统治、社会文化、日常生活紧密相连，尤其在服饰之中体现显著。对于统治阶层来说，服饰之"礼"是维护社会等级秩序的重要手段，统治者因此制订了一系列严格等级的服饰制度，以辨识身份、彰显威严。在民间，服饰是婚丧嫁娶等民俗活动的必备元素，它伴随着人的一生，成为民间审美文化和社会风尚的生动展现。

中国古代服饰文化始终遵循"礼"的精神内涵，对于不同时间、不同空间、不同性别和不同社会角色的服饰式样及其规制都有全面、严格的要求和规范，做到了以"礼"为导向，以服饰为载体，体现出性别、纹饰、燕居与祭祀的服饰等级差异。

一、中国传统服饰礼制

我国古代服饰在长期的发展演变中受到众多思想和流派的影响，其中，儒家"礼"文化思想对传统服饰的影响尤为显著。

（一）传统服饰中的顺天道理念

在儒家"礼"文化的意识形态中，"天"蕴含着双重意蕴：一是自然之天，体现了人们对自然的崇拜；二是天命之天，反映了人们对天地神灵的崇敬。人与自然的和谐共生，是"天人合一"哲学的核心要义。古人秉持着将人与自然视为有机整体的观念，强调对天地的敬畏之心。他们认为，只有将个体融入自然之中，追求天、地、人的和谐统一，才能实现生命与宇宙的交融，达到和谐共生、繁荣发展。服饰，作为这种哲学思想的物质载体之一，通过象征性的手法，在帝王、将相的服饰形制和色彩上加以区别，力求与天地乾坤相协调，既体现了"君权神授"的正当性，又彰显了人与自然的和谐融合。

1. 顺天道之形

在中国古代，人们崇尚宽衣博带的飘逸与流畅之美，服饰的形制设计巧妙地利用衣裳面料的悬垂性，遮掩人体曲线，充分展现面料的自然韵味，追求一种含蓄而古朴的审美风格，这恰恰体现了"天人合一"的哲学自然观。天子与诸侯的服饰，更是力求与"天道"相契合，以此彰显"君权神授"的正当性与神圣性。例如，冕冠之色，上玄下纁，寓意着未明之天与黄昏之地的神秘交融。

深衣，这一将上衣与下裳在腰部巧妙缝合的长衣形制，盛行于春秋战国，并在秦、汉两代成为男女皆宜的通用服饰。其设计讲究"短毋见肤，长毋被土"，即上衣剪裁合体，下裳则宽广而不拖地，以免有侮辱之意。上衣与下裳分裁而在腰间合为一体，背缝垂直，象征着为人的方正不阿；"下齐如权衡以应平"，下摆平直如秤，寓意着心志安宁、心态平和，严格遵循儒家的规、矩、绳、权、衡等法度原则。

深衣作为华夏服饰的重要代表之一，其每一个细节都深深融入了儒家礼仪教化的理念之中，体现了造物思想的伦理道德内涵。由此可见，中国古代服饰深受"天人合一"思想的影响，服饰的形制特点、工艺手法等造物活动，均依据阴阳五行、男尊女卑、天地共生等道德审美标准，通过不同形式体现在各阶层的服饰之中。以此表达对天地的敬畏与顺应，期望得到天地的庇护与恩赐，并通过相关的礼仪实践，达到通天致礼、维护封建家族统治的深远目的。

2. 顺天道之色

在中国古代，色彩不仅是一种视觉元素，更是文化和哲学思想的载体。古人将色彩与天地自然、阴阳五行等哲学观念相结合，形成了一套独特的色彩体系，体现了对天道的尊重和顺应。

（1）色彩与天地自然的对应关系体现了古人对自然规律的敬畏。在《周礼》中，天官、地官、春官、夏官、秋官、冬官被称为"六官"，分别对应天地四时，这种设置是对天地自然规律的顺应。在服饰色彩上，礼服玄衣黄裳，即黑色礼服搭配黄色衣裳，黑色象征天，黄色象征地，是对天地的尊重和模仿。祀天的大裘为黑色高裘，朝服缁衣，玄色祭祀皇天后土等，都是将天地的色彩运用到服饰中，表达对天地的敬仰和顺从。

（2）色彩与阴阳五行的结合体现了古人对宇宙运行规律的理解。阴阳五行理论认为，宇宙万物都是由阴阳两种基本元素和金、木、水、火、土五种基本物质构成的，它们之间相互作用、相互制约，形成了一个动态平衡的系统。在色彩上，古人将五种基本物质与五种基本色彩相对应，即金对应白色，木对应青色，水对应黑色，火对应赤色，土对应黄色。这种对应关系不仅体现了古人对宇宙运行规律的理解，也反映了他们试图通过色彩来调和阴阳、平衡五行的思想。例如，明代衍圣公蟒袍将象征东南西北中的五色（青、赤、黄、白、黑）作为正色，把五色相生相克而来的绀、缥、紫、流黄作为间色，这种色彩搭配正是对五行相生相克规律的体现，通过色彩的运用，达到了调和阴阳、平衡五行的目的。

（3）色彩在不同季节的运用体现了古人对季节变化规律的顺应。古人根据季节的变化，制定了相应的服饰色彩制度。例如，《后汉书》记载阴太后遗物有五时衣，为"春青、夏朱、季夏黄、秋白、冬黑"，这种五时衣的设置，正是与五行、五色相应，体现了古人对季节变化规律的顺应。春季万物生长，青色象征生机勃勃；夏季炎热，赤色象征火的炽热；季夏时节，黄色象征土的稳定；秋季收获，白色象征成熟；冬季寒冷，黑色象征水的寒冷。通过不同季节穿着不同色彩的服饰，古人不仅顺应了季节的变化，也表达了对自然规律的尊重。

（4）色彩在祭祀等重要场合的运用体现了古人对天人合一境界的追求。例如，清代朝服有四色，明黄、蓝、红及月白，冬至祭圜丘坛用蓝色以象天（天坛），夏至方泽坛用明黄色以象地（地坛），春分祭朝日坛用赤色以象日（日坛），秋分祭夕月坛用白色以象月（月坛）。这四色朝服恰好呼应了万物起源的四种媒介——天、地、日、月，从而寓意皇帝于祭祀时达到"天人合一"之境，强化了"君权神授"的正统。同时，这种色彩的运用也体现了古人对天地自然的敬畏，通过色彩的象征意义，将人与天地自然紧密联系在一起，达到了天人合一的境界。

3. 顺天道之饰

在中国古代，传统服饰的装饰纹样不仅是美的体现，更是文化和哲学思想的载体。纹样通过其独特的图案和象征意义，传达出社会的政治伦理观念、道德观念、价值观念和宗教观念，同时也成为人们与天地祖先沟通的桥梁，表达着人们对美好生活的向往和对自然的敬畏。

在帝王的服饰中，十二章纹的运用尤为突出。天子的服饰上集中体现了十二章纹，通过这些纹样，彰显了帝王的至高无上的权力和神圣地位。日、月、星辰等纹样象征着天地万物的主宰，昭示着君权神授和君主的崇高伟大、神圣英明。同时，这些纹样也是帝王特定的服饰文化心态和价值趋向的形象化反映。古代帝王相信天地共生的自然法则，借助祭服、礼服和礼祭器以物化的形式显现及象征"天"的特点，表达"君权神授"的合理性。服装以物化的形式体现其象征意义，形成上层社会尤其是帝王的祭服、礼服和礼祭器象征"天"的特点，体现天子、诸侯自身的形象要与"天道"相应，彰显出帝王与天地自然的紧密联系。

除了十二章纹，古代服饰中还有许多其他纹样，它们同样承载着丰富的文化内涵和象征意义。例如，汉代袍服中的纹样包含自然、神仙、游猎等方面，充分表达出汉代人们对自然的追求、对和谐的向往、对修道成仙的期盼以及汉人精神世界的绚丽多姿。明代袍服下摆处装饰有水浪和山纹，被称为海水江崖纹，以自然气象作为服饰纹样，寓意江山稳固、国泰民安，体现了人们对国家安定、社会和谐的祈愿.

从"天人合一"到"礼法自然"，中国古代服饰的纹样充分体现出人们遵循自然规律，自觉维护与自然和谐的强烈愿望。通过对自然现象、动植物、神话传说等元素的描绘和象征，服饰纹样展现了古人对自然的敬畏和崇拜，反映了他们对理想社会秩序的追求和对美好生活的向往。这些纹样在服饰上的运用，使得服饰不仅是遮蔽身体的工具，更是文化和哲学思想的载体，成为连接人与自然、人与社会、人与祖先的纽带，彰显中国古代文化的独特魅力和深邃内涵。

（二）传统服饰中的尊卑有序之制

在中国古代，服饰不仅仅是遮体保暖之物，更是礼制、文化、政治与社会地位的象征。依礼着服，是中国古代服饰制度的显著特点，它与儒家思想紧密相连，成为礼制度至关重要的组成部分。服饰中的形制、色彩、面料、纹样等元素，都蕴含着丰富的文化内涵和社会意义，体现了尊卑有序、贵贱等级的礼制精神。

1. 先秦时期：礼制萌芽与等级初显

先秦时期，随着社会的发展和礼制的逐渐形成，服饰开始承担起区分社会等级、规范人们行为的功能。西周时期，衣冠制度已臻完善，服饰的君臣有别、尊卑之分、长幼有序被明确记入《周礼》。服饰不仅是个人身份的象征，更与国家权力和社会文化紧密相连。

在当时，服饰的形制、色彩、面料、纹样等都具有集礼制、政治、文化、伦理、道德、等级、地位、宗教等为一体的符号象征。例如，君王的服饰在形制上更为华丽，色彩更为丰富，纹样也更为复杂，彰显出至高无上的地位和权力。而平民百姓的服饰则相对简单朴素，色彩单一，纹样简单，体现出社会等级的差异。

2. 汉唐时期：等级制度化与纹样标识

汉代是服饰等级制度化的重要时期。贾谊主张将等级秩序制度化，对服饰进行管理，建立严格的服饰等级体系。他的服制理论成为后世舆服制度的思想基础，随着汉武帝"罢黜百家，独尊儒术"，儒家的"礼治"思想开始逐步制度化，并促进朝廷服饰等级制度开始建立。《春秋繁露》等文献中也有相关记载，说明了当时对服饰等级制度的重视和规范。

在这一时期，服饰的等级差异更加明显。通过服饰将不同的社会地位用服饰标示出来，在社会活动中形成泾渭分明的上下关系。

3. 宋至清时期：补子制度与等级分明

宋代以后，服饰中的尊卑有序之制更加完善。宋代官员等级一般可以从其朝服绶带的花色中看出，天下乐晕绶为第一等，杂花晕缦为第二等，方胜宜男锦绶为第三等，翠毛锦绶为第四等，簇四雕锦绶为第五等。至明代，统治者运用补子强调服饰的等级标识特性，使着装者的身份地位、尊卑贵贱、品级高下得以凸显。文武官员的补子"文采"越斑斓，所体现的爵位品秩的等级越高，反之则越低。清代则进一步细化了补子的形制，皇亲宗室用圆补，民公文武百官用方补，圆补等级高于方补，体现了天圆地方的尊卑之分。

（三）传统服饰中的忠孝之情

忠孝作为儒家伦理道德观念的核心，在中国古代社会中占据着至关重要的地位。在家国同构的宗法社会里，忠与孝不仅是对国君的忠诚和对父母的孝顺，更是维系社会秩序和家庭和谐的重要纽带。中国古代传统服饰以其独特的形式和内涵，承载并传递着忠孝之情，成为忠孝文化的物质载体和外在表现。

1. 传统服饰之孝

孝，是儒家伦理道德的基础，是善事父母、使他们生有所养、死有所归的道德准则。西周时期产生的五服制度，即丧服制度，是传统儒家文化的重要标志之一，通过丧葬时所穿着的服装，来体现孝道的深浅和亲疏关系。

2. 传统服饰之忠

在封建社会，忠成为社会文明的中心义务和最高尚的品德。这一点，在服饰中同样有所体现。春秋时期，士大夫被放逐时穿素衣素裳，是对国君的深深思念与忠诚的象征。而明世宗嘉靖年间的"忠靖冠"，更是将忠的思想直接融入了服饰之中，让百官在燕居之时也能时刻铭记自己的忠诚之责。清后期的"忠孝带"，绣有忠孝二字，挂于腰间，更是对百官的一种时刻提醒，让他们时刻铭记自己对朝廷的尽忠尽孝之责。

二、人生礼仪服饰

（一）鸾凤和鸣之婚服

古今中外，婚礼都是人生中的大礼，婚服作为婚礼仪式中的重要组成部分，不仅承载着新人对美好生活的期许，更是服饰文化的一种独特表达。在中国悠久的历史当中，婚服的形制与内涵均随着时代的变迁而演变。

先秦时期的婚礼礼制以"六礼"为核心，包括纳采、问名、纳吉、纳征、请期、亲迎六个步骤，构成了中国传统婚姻礼仪的基础。先秦婚礼服制崇尚典雅端庄，有着浓郁的神圣感和象征意义，婚礼服饰色彩基本遵循"玄纁制度"，玄色，黑中泛赤，象征天，纁色，黄里并赤，象征地，体现了天人合一的智慧和敬天礼地的虔诚。先秦时期所形成并成熟起来的婚礼服制一直影响着历朝历代婚礼服饰，后世婚聘礼仪以及服制也大多未脱离这个基本框架。

进入近代，随着西方文化的涌入，中国传统婚服受到了强烈冲击。鸦片战争后，洋务运动的兴起以及西方传教士的进入，使得国人的审美观念发生巨变，婚服文化也随之出现了传统服饰与西方服饰交融的特殊景象。新郎着装既有长袍马褂，又有西装领带；新娘着装则既有凤冠霞帔，又有头披白纱、身着白色礼服的西式装扮。这种中西合璧的婚服风格，不仅体现了国人思想观念的开放与包容，更彰显了中国近代社会变革的深刻影响。

尤为值得一提的是，20世纪30年代后期，部分地方政府开始倡导新式婚礼仪式，并制定相关规章制度对婚服进行规范。上海市社会局公布的集团结婚办法中，就明确规定了新郎新娘的着装要求，使得"文明婚服"逐渐趋于规范。这种"文明婚服"的出现和流行，不仅是中国近代服饰文化移风易俗的表现，更是国人追求西式文明、与封建礼教决裂的重要标志，在一定程度上推动了中国近代社会的变革，成为中国近代社会服饰时尚的体现。

（二）伦理孝道之丧服

丧葬礼仪作为人生中的最后一礼，不仅是对逝者的告别，更是对生命价值和伦理孝道的体现。在中国传统文化中，丧服是亲属为哀悼逝者而穿的衣帽、服饰，它不仅是对逝者的尊重，更是对伦理孝道的物化表现。我们传统丧服习俗中采用的色彩基本参照"五行五色"学说，传统观念里丧事尚白色，直到近代西方丧葬礼俗为我们引入了黑色丧服的概念。

1. 古代民间丧服

中国古代传统丧服是在西周宗法制下规范化的"五服"制度。五服根据穿着者与逝者血缘关系的亲疏不同，分为斩衰、齐衰、大功、小功、缌麻五种，其质地、工艺、服期等都有严格的规定。

（1）斩衰。通常丧服的上衣叫"衰"，下衣叫"裳"。斩衰是五服中最重的一种丧服，用于子为父、女子在室为父、承重孙和长孙为祖父、旧事妻妾为夫、臣为君等关系。斩衰衣裳主要采用平面裁剪法，不进行缝边，用每幅三升或三升半的最粗的生麻布制作，质粗而贱，左右开口处和下摆都不缝边，以此表达最深的哀痛。斩衰服除了斩衰衣裳外，还有配套的梁冠、鞋子等附属物，如绞带、丧冠、菅屦等，整体造型粗陋，不加修饰，彰显出对逝者的至深悲痛和孝道的至高无上。斩衰并非贴身穿着，内衬白色的孝衣，后也有用麻布披在身上代替，这便是人们常说的"披麻戴孝"。

（2）齐衰。齐衰是仅次于斩衰的丧服，用熟麻布制成，因其缉边故叫齐衰。齐衰衣裳的形制结构相对斩衰更为整齐，丧冠所用麻布也较斩衰略细，并以麻布为缨，叫冠布缨。根据丧期的长短和亲属关系的远近，齐衰又分为四等：齐衰三年（在父卒子为母、母为长子、妾为夫之长子、未嫁之女、嫁后复归之女为母）；一年齐衰杖期（父在为母、夫为妻、子为出母、为改嫁之继母）；一年齐衰不杖期（为祖父母、为世父母或叔父母、大夫之嫡子为妻、为昆弟、为嫡孙等）；齐衰五月（为曾祖父母）；齐衰三月（为高祖父母）。

（3）大功。大功是指用熟麻布制作的丧服，服丧期为九个月，是男子为堂兄弟、已嫁姐妹、姑母等穿的丧服，或是出嫁女为丈夫的祖父母或叔伯、为自己的亲兄弟所穿的丧服。大功衣裳的形制结构较齐衰更为细密。

（4）小功。小功所用的麻布质地较大功更为细腻，是为本宗的曾祖父母、叔伯祖父母、堂伯叔父母、未嫁的祖姑、堂姑、已嫁的堂姐妹、嫡孙媳妇（妻均缌麻）兄弟妻、堂侄、侄孙、未嫁堂侄女、侄孙女（妻均从夫服）、外祖父母、母舅、母姨、妯娌等所穿的丧服。小功服丧期为五个月，不配孝鞋。

（5）缌麻。缌麻是五服中最轻的一种丧服，服丧期仅为三个月。它用最细的麻布抽去一半麻缕制成，适用于本宗的高祖父母、曾伯叔父母等更远的亲属。

2. 近代民间丧服

清末民初时由于受西方文化的影响，出现以臂缠黑纱、胸前佩戴白花为特点的丧服形式。民国时期，西式丧礼开始影响传统丧葬习俗，丧葬礼仪出现由繁到简的趋势，长达数千年的传统丧服制度在这一时期仅存名义，甚至出现"无衰服而仅黑纱"的状况。民国时期的《礼制》中规定丧礼中采用脱帽三鞠躬，1912年10月3日公布的《服制》中指出："遇丧礼所穿礼服时，男子于左腕缠上黑纱，女子于胸际缀以黑纱结。"这一规定改变了丧礼中向吊客散"孝帕"或白布的风俗，冲击了传统的斩齐缌麻丧服制度，推动了丧服形制的现代化和简约化。

三、岁时节日服饰

岁时节日的起源，源自古人对人与自然关系的探索，体现了古人利用自然规律以求生存的智慧。中国传统岁时节日服饰，历经千年沉淀，不仅融合了民众对传统节日的民族记忆与情感，更是节日庆典与祭祀中不可或缺的主题道具。岁时节日服饰和服饰中的应景纹样，不仅与民间岁时节日的精神内涵、民俗活动相互映照，更在岁时节日符号中独树一帜。明代是我国岁时节日文化的鼎盛时期，其岁时节日服饰更是成为我国传统岁时节日习俗中独具特色的代表。

（一）岁时节日服饰特征

明代宫廷的岁时节日服饰，作为节日文化的重要组成部分，不仅承载着丰富的民俗风情，还蕴含着深刻的文化内涵。这些服饰与食俗、民俗活动紧密相连，共同构成了岁时节日的独特表现形式和主题道具。其特征主要体现在以下三个方面。

1. 顺应天时

明代宫廷与民间的节俗都深受顺应天时、天人相应思想的影响。岁时节日的转换，不仅是对自然规律的顺应，更是对人们生活节奏的指引。服饰作为这一思想的物质载体，也随着季节的变换而更迭。从《后汉书·舆服志》中记载的帝后服装随季节变动而更替颜色的"五时色"，到明代宫廷出现的更为华丽、象征意义更为明确的应景服饰，都体现了人与自然和谐共生的理念。

2. 趋吉祈福

趋吉祈福是岁时节日的主要目的之一。在吉日里，无论宫廷还是民间，无论富贵还是贫穷，人们都穿着得体隆重、色彩款式吉祥的服饰，在节日期间希望求得好兆头。

3. 避邪禳灾

避邪禳灾是岁时节日的传统目的之一。岁时节日在产生之时就带有浓重的神秘色彩和禁忌习俗。端午节便是典型的避邪禳灾的节日，在这一天人们会插艾叶、饮雄黄酒、吃五毒饼来驱毒，在服饰上用五毒艾虎纹样装饰，以虎为正面形象、五毒为反面形象，象征着祛除邪魅、保佑平安。民间流行佩戴长命缕、艾叶香囊，给孩童戴上虎头鞋帽、穿五毒纹样的衣服，以祈求平安健康。宫廷中的五毒艾虎应景纹样也大抵来源于此，其避邪禳灾的意义与民间相通，共同体现了人们对平安吉祥的渴望和追求。

（二）岁时节日服饰应景纹样

明清时期，统治者为了丰富宫廷生活，模仿民间的民俗活动和穿衣打扮，创造出与岁时节日体系相照应的应景纹样、随着时序的转换穿着相应的应景补服或蟒衣。明代宫廷岁时节日服饰应景纹样可分为以下三类。

1. 民俗活动类

（1）灯景纹样。元宵节作为中国的传统节日，其应景纹样以灯景为代表。灯景，即灯笼景观，是元宵节的重要元素。元宵节自汉魏时期形成以来，逐渐发展成为举国欢庆的节日，而灯景更是成为节俗生活中的亮点。明代元宵节盛况空前，京城内外张灯结彩，热闹非凡。宫廷服饰也顺应这一节日氛围，采用了灯景纹样作为装饰。如图3-8所示，明万历皇帝所用的元宵节补子。

（2）秋千纹样。清明节代表的应景纹样为秋千纹样。秋千作为一种古老的民俗活动，历史悠久，源远流长。在明代，秋千已经融入清明节的习俗中，成为人们扫墓、祭拜、戴柳踏青之余的一种娱乐方式。宫廷中也在各宫安放秋千供宫人嬉戏，秋千因此成为清明节的标志性景观。宫廷服饰中的秋千纹样，多以嬉戏秋千的女子或龙凤纹配以花卉为图案，生动有趣。图 3-9 为明代金绣龙纹秋千补子，是明代宫廷清明节应景补子的代表。

2. 神话传说类

（1）鹊桥纹样。七夕节又称乞巧节，代表的应景纹样为鹊桥纹样，源于织女牛郎的神话故事。传说每年农历七月初七，喜鹊会搭桥让牛郎织女在天河相会。这一传说不仅有着凄美的爱情故事，还包含了乞巧的习俗，女子在七夕节通过对月穿针、蜘蛛结网、浮针乞巧等方式祈求巧艺。明代宫廷在七夕节期间，宫眷会穿着鹊桥补子的衣服，在宫中乞巧。如图 3-10 和图 3-11 所示，是明代宫廷七夕节应景补子。

（2）玉兔纹样。中秋节在明代以前是一般性节日，至明代地位上升，成为主要传统节日之

图 3-8 明万历刺绣龙纹灯笼纹圆补

图 3-9 明金绣龙纹秋千补子

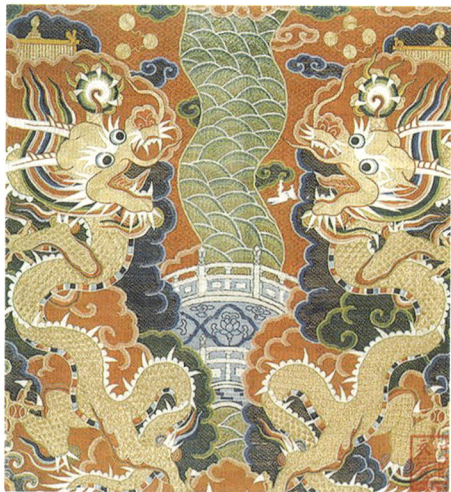

图 3-10 明牛郎织女纹方补

图 3-11 明刺绣牛郎织女鹊桥补子

一。中秋节代表的应景纹样是玉兔纹样，源于嫦娥奔月、玉兔捣药的神话故事。明代宫廷在中秋节各宫团圆，焚香祭拜月神，供月饼瓜果，穿着天仙、玉兔纹样的服装，象征中秋团圆美满。图 3-12 为明万历刺绣玉兔龙纹圆补。

3. 物品象征类

（1）葫芦纹样。年节期间的代表纹样是葫芦纹样，明代宫廷年节穿着葫芦纹样的服饰以应其景，用葫芦迎接一年之始。葫芦又名壸芦、匏瓜，"壸"字在《说文》中解释为"从壶，吉声"，匏是葫芦做的容器，形状也与壶相近，可见葫芦在这里表示"壸"，象征万物之始，满足了人们年节期间辞旧迎新的心理需求。图 3-13 为明万历正红地刺绣万寿葫芦景寿山福海龙纹圆补。

（2）菊花纹样。重阳节的应景纹样为菊花纹样。重阳节，又称九月九、重九日、登高节、晒秋节，起源于秋游登高去灾避祸的传说。明代宫廷自九月初便在宫内摆放菊花，重阳节当日皇帝爬山登高，阖宫制衣御寒，翻晒冬衣，吃麻辣兔、饮菊花酒以应其景。自初四起便换上菊花应景纹样的衣服直至重阳以后。图 3-14 为明万历洒线绣菊花龙纹方补。

（3）艾虎纹样。端午节的代表纹样为艾虎纹样。端午节又称端阳节、天中节、地蜡节，民间有说法此节为纪念屈原，但端午节的诸多活动早在屈原之前就已出现。端午节被视为不祥之日，故保留了祛毒避祸的习俗。人们在此节祀神、竞渡、食粽、悬艾叶菖蒲，佩戴香囊、五色丝带、端午索、艾虎等物。明代宫廷在五月也有特别装饰，门两旁安菖蒲、艾盆，门上悬挂吊屏，画天师或仙子、仙女执剑降毒故事。五月初一至十三日，宫眷穿着五毒艾虎图案的服装。图 3-15 为明刺绣五毒艾虎方补（前襟用一对）。

图 3-12　明万历刺绣玉兔龙纹圆补

图 3-13　明万历正红地刺绣万寿葫芦景寿山福海龙纹圆补

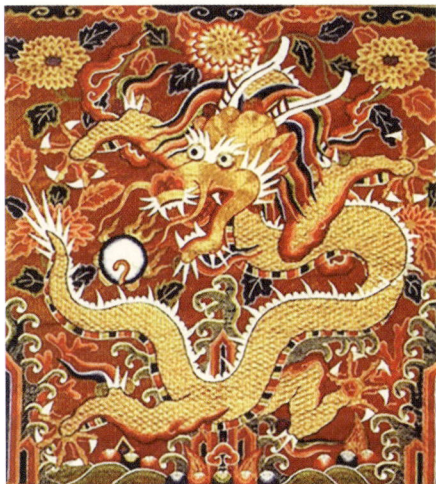

图 3-14　明万历洒线绣菊花龙纹方补

图 3-15　明刺绣五毒艾虎方补

（4）阳升纹样。冬至节的代表纹样是阳升纹样。冬至节是古代重要的节日，过了冬至，春天即将到来，阴气逐渐下降，阳气开始生发。在设计图案时用口中吐出上升瑞气的羊来表现"阳、生"的谐音。图 3-16 为明后期双龙阳生纹圆补。另外还会用"绵羊太子"，即以儿童身穿冬衣，肩负梅花，骑白羊象征冬去春来，或用口吐瑞气的羊及三阳开泰来作为题材，以"羊"来代表"阳"。图 3-17 为明人绘绵羊引子图。这些图案都可以运用在服饰、织物中，作为冬至乃至冬季的应景纹样。

图 3-16　明后期双龙阳生纹圆补

图 3-17　绵羊引子图

第四章 服饰审美意蕴

第一节　传统服饰纹样之美

传统服饰纹样作为中华民族悠久文化的重要载体，蕴含着深厚的历史底蕴、丰富的文化内涵以及独特的审美价值。它们不仅在视觉上展现出无与伦比的美感，更在文化传承与民族认同中扮演着至关重要的角色。

一、传统服饰纹样中形态美的体现

形态一般指物体的形态、姿态。形态作为艺术创造的载体，是指带有人类感情和审美情趣的形体。传统服饰纹样作为艺术创造的重要载体，其形态美不仅体现在对自然形态的精准捕捉与生动呈现，更在于通过抽象化、艺术化的加工，赋予纹样以深厚的文化内涵和独特的审美价值。形态美在传统服饰纹样中的体现，既是对自然美的崇尚与追求，也是人类情感与审美情趣的集中表达。例如，我国传统装饰图案中常见的云纹意象，具有浓郁的象征性，同时用蕴含着深厚的禅宗意蕴，寓意着宽容豁达、含蓄旷远的东方精神和喜庆吉祥的美好祝福，加之其造型卷曲，舒展自由，几乎可以放在任何需要装饰的地方。

如图4-1所示，收藏于郑州博物馆的四合如意金边绣花垂穗云肩，恰如肩头的一片云霞，美得不可方物，外形的惊艳离不开古代手艺人对细节的把控。这套云肩纹饰繁密绣工精美，配色浓淡相宜。整套云肩分为大小云肩两部分，还有相配套的裙带，振翅的凤鸟、跳跃的小鹿，寓意吉祥的葫芦和蝙蝠，行走在花草丛林中的人，珠串缀连起了一整个华美斑斓的锦绣世界。如图4-2所示，收藏于郑州博物馆的连缀式云肩，以颈部为中心，由多个小绣片（云纹形、如意形）相互连接组成。这些绣片通常有四种、六种或八种，呈现出向外发射的放射状。绣片与绣片之间大小的穿插，极具灵动之美。

图4-1　四合如意金边绣花垂穗云肩（郑州博物馆）

图4-2　彩绘八仙纹云肩（郑州博物馆）

二、传统服饰纹样美学特征的表达

传统服饰纹样作为中华民族传统艺术的重要组成部分，蕴含着丰富的美学特征。

（一）对称美——统一与均衡

对称美是传统服饰纹样中最直观、最显著的美学特征之一。这种美感来源于纹样的稳定规则形式，体现了纹样自身的理性美感。无论是几何形态的纹样还是动植物纹样，都以中心轴或对称线为基准，两侧纹样形态相同或相似，形成均衡统一的视觉效果。这种对称美不仅使纹样看起来更加规整、和谐，还寓意着平衡、稳定与和谐。

连珠纹是中国传统文化中几何图形的装饰纹样之一，是由一串彼此相连的圆形或球形组成，它在中国传统装饰纹样中占据着举足轻重的地位。连珠纹主要是由一颗颗饱满均匀的圆珠有秩序、有规则的紧密排列形成的连珠圈纹，以及连珠圈内的主题纹样。如图4-3所示，为唐连珠对孔雀纹锦。连珠纹的审美特征包括：组织紧密排列的对称秩序之美，连珠圈和主题纹样的主次相辅之美，以及连珠纹的对称秩序之美和主次相辅之美结合起来的连珠纹的整体调和之美。

图4-3　唐连珠对孔雀纹锦

（二）节奏美——韵律与灵动

节奏美是传统服饰纹样中另一种重要的美学特征，它通过纹样规则的重复及元素的变化，使单独的纹样或多个规整的纹样搭配其他纹样形成独立的纹样个体，以二方连续、四方连续等规则演变方式，经过合理设计后，完整的纹样具有一定的节奏规律。如图4-4所示，为唐联珠纹团窠对鹿纹挂锦。挂锦长192厘米，宽160厘米，其超大的团窠由里外两部分组成，外环由八对瑞兽和宝相花构成，里环又分为五层，三层联珠纹中间夹着两层由朵花组成的团窠。团窠中央图案是站立的两只大角鹿，双鹿以生命树为轴，面面相对。双鹿颈部飘逸的绶带和联珠纹项圈，与向背施展而恰似两道平行线的枝形角，以及生命树顶端绽放的枝蔓和花朵，如同五层宫殿错落有致，使纹样产生视觉重复性，从横向的节奏出发，带来有序排列的节奏递进感。

图4-4 唐联珠纹团窠对鹿纹挂锦
（美国芝加哥普利兹克收藏）

（三）和谐美——融合与整体

传统服饰中的花边纹样（图4-5），常常出现在服饰中的某一部位，如下摆、补子、饰带中，为服装增添一抹清新典雅的风采。它们通常以纵向或横向的二方连续图案呈现，给人一种和谐而富有韵味的美感。这些花边纹样涵盖了二方连续的所有构成法则，包括散点式、直立式、斜行式、波状式、折线式和几何式。它们在统一中寻求变化，在变化中寻求统一，给人一种连续反复的形式美感。每一款纹样都充满了节奏感、条理性和韵味，静中有动，展现出浓郁的装饰效果。

卷草方胜花边 　　　　　　　　　拐子菊花边

卷草盒子花边 　　　　　　　　　方龙菱花边

图4-5 传统图案花边纹样

（四）变化美——演变与丰富

传统服饰品中的纹样在不同阶段表现形式各异，外在的变化之美体现出具象的美学意义。从各朝代流行的审美偏好出发，纹样在创作者的设计中呈现丰富纷繁的效果，有单一纹样、动植物搭配纹样、风景搭配纹样等多种方式。其演变的速度与特性还受到内在寓意的变迁，不同题材寄予的纹样效果从配色、大小、组合都有着相应的搭配法则，在多元化设计中提供极大的创作空间，为服饰品装饰带来品类多样的层次变化效果。

第二节　传统服饰色彩搭配

　　中国的传统服饰色彩搭配不仅仅是一种视觉上的艺术表现，更是封建礼制与等级制度的直观体现。在宫廷中，服饰色彩的选择与搭配严格遵循君臣、尊卑、男女的礼制约束，展现出宫廷文化的庄严与尊贵。而在民间，百姓的服饰色彩搭配则在有限范围内寻求和谐与美感。他们巧妙地运用各种色彩，通过对比与协调，营造出既符合社会制度要求又兼具个人审美特色的服饰风格。

一、传统五色观的功能色彩美

　　中国传统"五色观"是我国色彩文化的重要组成部分，其核心为青、赤、黄、白、黑五种正色，并与五行、五方、五时等观念相结合，形成了一个独特的功能色彩体系（图4-6）。这种色彩观念不仅反映了古人对自然的观察与理解，还融入了哲学思想、礼仪规范和社会秩序，具有深厚的文化内涵和独特的功能色彩美。

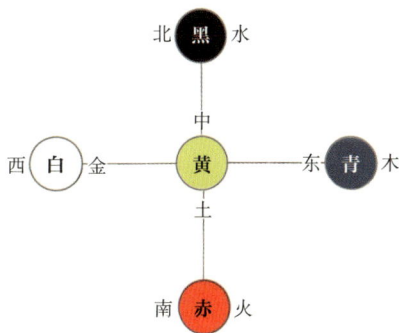

图 4-6　五色与五行、五方对应图

（一）"五色观"的文化内涵与功能色彩

　　（1）自然与宇宙的象征。"五色观"源于古人对自然的观察，将色彩与方位、五行相结合，形成了一个完整的宇宙观。这种色彩与方位的对应关系，不仅体现了古人对自然的敬畏，还赋予了色彩以宇宙秩序的象征意义。

　　（2）哲学思想的融合。"五色观"深受儒家和道家思想的影响。儒家强调"以色明礼"，将色彩与礼仪制度相结合，赋予色彩以伦理象征意义。例如，黄色因其代表中央和大地，成为皇权的象征，被帝王专用；赤色象征热情与喜庆，多用于婚礼等重要场合。道家则强调色彩的自然属性，认为色彩是自然万物的表现形式之一。

　　（3）社会秩序与礼仪规范。在古代社会，"五色观"不仅是色彩的分类体系，更是社会秩序和礼仪规范的重要组成部分。色彩被分为正色和间色，正色象征尊贵，间色被视为较低的社会地位。例如，天子穿黄色衮服，诸侯穿黑白相间的黼服，士穿赤黑色的上衣。这种色彩的等级划分，体现了古代社会的尊卑秩序和礼仪制度。

（二）"五色观"的功能色彩美

（1）色彩的象征意义。传统五色观中的每种颜色都具有独特的象征意义。青色象征生命与希望，赤色象征热情与喜庆，白色象征庄重与纯洁，黑色象征神秘与庄重，黄色象征大地与中和。这些象征意义不仅体现在服饰设计中，还广泛应用于建筑、绘画、礼仪等领域，形成了独特的视觉文化体系。

（2）色彩的动态变化。五色观并非静态的色彩分类，而是与季节、方位、五行等动态因素相结合。例如，汉代推崇"五时服色"，即根据季节变化更换服饰颜色。这种动态的色彩变化不仅体现了古人对自然规律的尊重，还赋予了色彩以时间维度的美感。

（3）色彩的审美与实用结合。传统五色观在审美和实用之间达到了高度统一。一方面，色彩的搭配遵循五行相生相克的规律，形成了和谐的视觉效果；另一方面，色彩的使用也服务于社会功能，如通过色彩区分等级、规范礼仪。这种功能与审美的结合，使五色观成为一种独特的文化符号。

（三）"五色观"在现代社会的应用

尽管"五色观"源于古代，但其文化内涵和功能色彩美在现代社会仍具有重要意义。在现代设计中，设计师可以借鉴"五色观"的色彩搭配规律和象征意义，创造出具有文化底蕴的设计作品。例如，将传统色彩与现代材料相结合，设计出既符合现代审美又蕴含传统文化元素的服饰、家居用品和建筑装饰。

同时，"五色观"也为现代色彩研究提供了独特的视角。其与五行、五方相结合的色彩体系，体现了古人对色彩的整体思维和系统观念，为现代色彩理论的发展提供了有益的参考。

二、民间服饰体现的用色观念

中国传统民间服饰的色彩观念深受"五色观"及其文化内涵的影响，形成了独特的用色体系和审美特征。

（一）"禁黄"：色彩等级与皇权象征

"五色观"中的黄色，因与"五行说"中的"土"相配，象征着中央、大地与中和，具有极高的文化地位。隋唐时期，黄色被正式确立为皇权的象征色彩，成为皇帝的专用色。《新唐书·车服志》明确禁止臣民穿着黄色服饰，这一规定在明清时期继续沿用。黄色的专用性不仅体现了色彩的等级观念，还通过赏赐黄马褂等方式，进一步强化了皇权的至高无上。这种色彩禁令反映了中国传统社会中色彩与权力的紧密联系，以及色彩在维护社会秩序中的重要作用。

（二）"尚红"：喜庆与吉祥的象征

红色在中国传统文化中象征着喜庆、吉祥、热情与生命力。民间服饰中广泛使用红色，尤其是在婚礼、节日等重要场合，红色被视为趋吉避凶、象征幸福美满的色彩。红色的染料来源丰富，如红花、茜草等，易于获取且染色效果鲜艳。这种"尚红"观念不仅体现了人们对美好生活的向往，还与女性的美丽与柔美联系在一起，如"红袖添香"等文化意象。红色的广泛使用，反映了民间对色彩的审美偏好以及对传统文化的传承。

（三）"喜青"：自然与实用的结合

青色在民间服饰中具有重要地位，其染料主要来源于蓼蓝、板蓝等植物，染色工艺简单且成本低廉。青色的使用不仅反映了对自然色彩的偏爱，还体现了江南水乡含蓄、温婉的文化特征。此外，青色的广泛应用也与其实用性有关，其朴素的色调适合日常穿着，展现了民间服饰对节俭与实用的追求。

（四）"用黑"：文化与实用的双重考量

黑色在五行中与"水"相配，象征着庄重、神秘与耐久。江南水乡的民间服饰中大量使用黑色，一方面体现了对水乡文化的认同，另一方面也与黑色的耐脏性有关。黑色的使用反映了民间对色彩的实用考量，同时也展现了江南地区朴实、内敛的义化特质。这种色彩选择不仅满足了日常生活的需要，还体现了民间对色彩的文化内涵的理解。

（五）"避白"：文化禁忌与审美调和

白色在汉族民间服饰中的运用相对谨慎。白色动物因珍贵而常被认为是祥瑞的象征，但白色被用于服装时，常被认为与丧礼、死亡有关。民间服饰对白色的运用体现了百姓对死亡的避讳。然而，白色布料无需染色、容易获取，在运用时作为纹样图案的底色，可以调和高饱和色彩的对比配色，并衬托纹样的鲜艳美丽。避白既体现了百姓对特定文化寓意的遵循，也体现了他们通过运用色彩的调和作用来增强服饰美感的审美需求。

第三节　传统服饰中的工艺技巧

汉族民间服饰类非物质文化遗产中，技艺部分涵盖了绲、镶、嵌、烫、绣、盘、织、染、印等一系列传统手工技艺，这些技艺通常被统称为女红。由于不同地域拥有独特的织造技艺，因此形成了各具特色的服饰形式和色彩风格。

一、面料技术的物质功能美

面料技术的物质功能美是通过产品技术体现的抽象美，它反映了人类造物的理性水准与先进性，并在产品的功能发挥中展现出科学性、高效性、安全性与优良性等特质。以水乡服饰面料制作为例，从面料来源、制作工艺、耐用性与舒适性等方面探讨水乡服饰面料技术的物质功能美。

（一）自给自足的面料来源与经济性

水乡地区的服饰面料主要来源于当地种植的棉、麻，这种自给自足的生产模式是中国传统自然经济的重要特征。据《苏州市地方志北桥镇志》记载，清代以来，水乡地区家家户户种植麻、织布，形成了代代相传的家庭手工业传统。例如，康熙年间，冶长泾旁的农家普遍拥有纺车和木制布机，所生产的棉布质地优良，闻名姑苏。这种自给自足的生产模式不仅节省了面料的成本与开支，还体现了水乡人民对自然资源的高效利用和对传统技艺的传承。

这种经济性不仅体现在生产成本的节约上，还体现在对地方资源的充分利用。水乡盛产的优质棉、麻为面料的经济性提供了天然条件，同时也为当地居民提供了稳定的物质经济基础，展现了技术美在经济层面的体现。

（二）面料选择的科学性与舒适性

江南地区四季分明，季节温差及早晚温差较大，合理的面料选择对于着装的舒适性及保暖性至关重要。水乡服饰在面料选择上充分考虑了气候特点和劳作需求。20世纪50年代以前水乡春秋季民俗服饰多采用薄棉料、土布与麻布。这些面料具有良好的透气性和吸湿性，适合江南湿润的气候条件，同时也能满足劳作时的透气排汗需求。

土布采用全棉织造而成，由当地妇女手工纺纱、织布，多为纯色，质地厚实，比薄棉布更具耐用性。20世纪50年代后，随着化纤面料的引入，如涤纶、涤棉混纺织物，水乡服饰的面料选择更加多样化。这些新型面料不仅保留了传统面料的舒适性，还提升了耐磨性和耐用性，进一步体现了面料选择的科学性与实用性。

（三）织造工艺的高效性与耐用性

水乡女子所织面料基本为平纹、斜纹组织，这些织造工艺的选择充分体现了技术美在高效性和耐用性上的平衡。平纹织物质地坚牢，耐磨性最强，且由于其组织结构简单，工艺易于操作，所以织造速度最快，效率最高。斜纹织物虽然在耐磨性和坚牢度上稍逊于平纹织物，但其织造工艺相对复杂，织造速度较慢，时间成本较高。缎纹织物则因结构最为复杂，坚牢度最差，易起毛、钩丝，织造效率最低。

出于经济性与耐用性的考虑，水乡女子主要选用平纹与斜纹织物，且以效能最高的平纹织物为主。这种选择不仅满足了日常劳作对耐用性的需求，还体现了对生产效率的追求。这种对织造工艺的科学选择，展现了水乡人民在技术应用上的智慧和对物质功能的深刻理解。

（四）面料技术的社会文化意义

水乡服饰的面料技术不仅具有物质功能美，还蕴含着丰富的社会文化意义。家庭手工业的传承体现了水乡地区对传统技艺的坚守和对自然经济模式的延续。从清代的麻织夏布到现代的化纤面料，水乡服饰的面料技术在不断发展，但其对自然材料的利用和对传统工艺的传承始终未变。

这种技术美不仅体现在产品的功能上，还体现在对生活水平的提升和对社会文化的传承上。通过自给自足的生产模式，水乡人民实现了物质生活的自足，同时也通过传统技艺的传承，保留了地方文化的独特性。这种技术美与社会文化的结合，展现了人类在造物过程中对理性与感性的统一追求。

二、因势造型的缘饰工艺美

传统服饰以其独特的平面结构与精致的缘饰工艺而著称，缘饰作为服饰不可或缺的一部分，承载着深厚的文化意蕴和审美价值。在传统造物思想中，缘饰被视为服饰完整性与雅致风范的重要标志，无缘之衣难以跻身正式场合，正所谓"衣做绣，锦为缘"。缘饰工艺以边缘线和结构线为依附，通过不同材料的层层叠加与加固，使绣片呈现出平滑悬垂的优美形态。

缘饰工艺主要聚焦于服装的领围、袖口、底摆、侧缝等边缘部位的处理，其初衷是增强服装的牢度，防止边缘纤维脱纱，并增加布幅边缘的重量，以确保服装外观的平整与挺括。这一工艺不仅是传统服装必备的辅助手段，更是一种富含艺术美感的装饰技艺。

　　清朝初期，妇女服饰的缘饰相对简约，衣领袖口的镶边装饰较窄，颜色以素雅为主。即便是追求时髦的优伶之辈，也只是在衣边以生色倭缎、漳绒等材料进行简单的缘饰。到了清中后期，边缘装饰逐渐走向奢靡，人们开始更加注重服饰边缘装饰的审美意义，而非其实用价值。花边越绲越多，衣缘越来越宽，从最初的三镶三绲、五镶五绲，发展到后来的"十八镶绲"，缘饰工艺达到了前所未有的繁复程度。

第五章 服饰文化符号的保护

第一节　服饰遗产保护与传承

一、传统服饰文化遗产的价值

传统服饰文化遗产作为中华文明悠久历史的生动见证，承载着中华民族独特的文化标识与审美追求。它不仅是物质与非物质文化遗产的交融体，更是民族智慧与创造力的结晶。其中，物质文化遗产层面，涵盖了历代流传下来的服饰实物，如龙袍之威严、云肩之雅致、马面裙之飘逸、荷包之精巧，这些现存实物及出土文物，以其历史之深邃、艺术之瑰丽、科学之内涵，彰显了中华服饰文化的博大精深。

非物质文化遗产层面，蕴含了世代相传的服饰制作技艺、深邃的思想内涵及丰富的精神意蕴，它们与民众生活紧密相连，构成了传统文化中不可或缺的一部分。这些非物化的文化元素，与传统服饰的物质形态相互映衬，共同勾勒出了中华民族发展的历史脉络、风俗民情、礼俗规范及审美取向。

传统服饰文化遗产作为民族文化的直观展现，不仅映射出各民族的历史进程与独特风貌，更以其深厚的历史文化价值和象征意义，成为民族价值、民族地位、民族形象的鲜活载体。服饰，如同穿在人身上的流动"民族博物馆"，在促进民族文化传统的传承与构建过程中发挥着关键作用，同时也在凝聚各地域、各民族人民对本土文化的认同感方面扮演着不可或缺的角色。

二、服饰文化遗产保护与传承的意义

服饰不仅是遮体保暖的实用之物，更是融汇了中华民族深厚文化底蕴的鲜活载体。它以独特的"物"之形态和"技"之形式，将自然观念、造物哲学、精湛工艺、审美情趣及价值观念等文化精髓巧妙融合，成为传承民族物质文明与精神文明不可或缺的桥梁。

首先，传统服饰作为历史进程的直观见证，承载着厚重的历史价值。这些流传下来的服饰文物，如同历史的见证者，以其直观且真实可信的方式，诉说着曾经的辉煌与沧桑。同时，传统服饰类非物质文化遗产中所蕴含的知识体系，是古籍文献和文物难以触及的深层宝藏。对传统服饰文化遗产的精心保护与传承，能够助力我们全方位、深层次地剖析与解读本民族的文化传统脉络。

其次，服饰文化遗产还是现代创新的重要源泉。其中的艺术资源、技术资源和文化资源，为现代艺术创新、科技创新和文化创新提供了丰富的灵感和素材。通过对其保护与传承，能够在继承传统文化精髓的基础上，为我国现代文化注入新活力，使其在时代浪潮中不断丰富与升华，绽放出更加绚丽的光彩。

更为重要的是，在全球化的今天，保护并传承各民族传统服饰文化，对于维护世界文化多样性和促进可持续发展具有深远的现实意义。随着现代化进程的加速，人类文明的多样性面临着前所未有的挑战。2001年联合国教科文组织发表的《世界文化多样性宣言》，彰显了世界各国各地区对文化遗产保护与传承的高度重视。因此，加强我国各民族传统服饰文化的保护与传承，不仅是对本民族文化的尊重与传承，也是对全球文化多样性贡献的一份力量。

然而，随着经济全球化带来的价值观念和生活方式的巨变，使传统服饰的生存空间日益缩小。工业化生产的普及和现代文明的冲击，使得传统服饰的生存屏障变得脆弱不堪。目前，精通传统服饰文化与技艺的民间手艺人数量锐减，众多传统工艺面临后继无人、濒临失传的严峻困境。面对这一严峻形势，我们更需深入挖掘中华传统服饰文化的内涵，充分汲取民族资源和智慧，建立起具有中国特色的传统服饰文化保护与传承机制，让这份宝贵的文化遗产在新时代焕发出新的光彩。

三、中国非遗服饰文化遗产面临的境遇与挑战

中华人民共和国成立以来，我国在服饰文化遗产保护与传承方面做出了大量卓有成效的工作。沈从文先生通过出土的服饰文化图像资料与文献资料考证相结合的方法，对旧石器时代至明清各朝代的服饰问题进行了深入的探讨和专题研究，其编撰的《中国古代服饰研究》一书，不仅开辟了研究我国传统服饰物质文化遗产的先河，更成为了一部珍贵的服饰史料集成，为后续的服饰文化研究奠定了坚实的基础。

20世纪50年代初期，国家对工艺美术行业采取了"保护、发展、提高"的方针，在此政策指引下，苏绣、缂丝等传统服饰类手工技艺得以恢复和发展，为中华服饰文化的保护与传承做出了积极的贡献。同时，这一时期的实践经验也为服饰文化的可持续发展积累了宝贵的经验。

近二十年来，国家对于文化遗产的保护与传承更加重视，出台了一系列相关政策，2005年3月颁布了《国务院办公厅关于加强我国非物质文化遗产保护工作的意见》，同年12月，下发了《关于加强文化遗产保护的通知》，这些文件不仅明确指出了保护传承文化遗产的重要性和紧迫性，还提出了"保护为主、抢救第一、合理利用、传承发展"的十六字指导方针，为服饰文化遗产的保护与传承提供了明确的方向。

多年来，在国家政策的有力引导下，社会各界围绕服饰文化的保护与传承展开了一系列举措，如建立民族服饰博物馆，对流传至今的传统服饰技艺进行申遗保护，对服饰相关的文化资源实施生产性保护等，这些工作不仅产生了一定的社会效益与经济效益，还在公共文化领域促使民众形成了普遍意义上对服饰文化遗产价值的认知。然而，在取得成绩的

同时，我们也必须清醒地看到，服饰文化遗产的保护与传承仍然面临众多挑战。

（一）传统技艺与现代生活的脱节

非遗服饰传统手工艺作为中华优秀传统文化的重要组成部分，其文化内涵、制作巧思以及材料的生态性和可持续性对非遗服饰的传承与创新发展有着深远影响。然而，随着现代化进程的加速，传统生活方式已不再适应现代生活需求，具有民族特色的服饰手工技艺逐渐淡出现代生活。例如，裕固族的织褐子工艺，虽被列入甘肃省非物质文化遗产保护项目，但由于其亲肤性差、制作工序复杂且制作空间受限，随着裕固族人从游牧生活向城镇化生活的转变，褐子的用途愈来愈少，未能进行技术改良与产品创新以适应现代生产生活需要，其传承和发展面临巨大困难。

（二）传承意识与参与度的不足

老一辈非遗传承人将毕生心血投入技艺传承，尊重并坚守传统技艺，但在利益面前能坚守本心守护传统文化珍贵情感的人越来越少。近年来，部分高等院校学生与非遗传承人合作研究传统服饰文化，但成效不显著，年轻学子难以静心钻研工艺，对传统文化的热情多在课题结束后逐渐消退。年轻人更倾向于追求时尚生活，选择去外地发展，对传统文化传承观念淡薄，对保护非遗文化价值的认识多侧重于经济效益。此外，年轻手工艺人多采用"投喂式"学习方式，仅习得制作传统服饰的"技"而未获得"艺"，导致传统服饰缺少现代生活气息。

（三）服饰符号转换运用的问题

当前服饰公司与高校合作成绩和反响不佳。艺术学院服装设计专业学生追求设计创新，但传统服饰作为非遗产品，其创新需万变不离其宗，否则将失去民族文化特有的色彩和文化积淀，导致非遗服饰失真。高校学院派设计师应扎根民族文化，深刻感受文化内涵，有些当地非遗传人建议高校设立手工艺工作室，渗透性进行设计传承。

（四）传统服饰的实用性和价格问题

在传承和保护民族优秀传统文化和手工艺的背景下，传统服饰制作需考虑利用现代工业技术提高生产效率和成品量以增加需求。定制全手工民族服饰耗时长、成本高，价格昂贵，相当于制作奢侈品，满足的多为对本民族有浓厚民族情结和服饰文化热爱的人群需求。外来游客多停留在欣赏层面，购买意愿低，主要原因有市场未打开、知名度低、不了解民族服饰文化。为解决价格高昂问题，可在民族服饰生产中传承核心技艺，部分工序以机械生产代替手工生产，提高效率、降低成本，满足消费者需求，让民族服饰文化走进更多人生活。

（五）服饰创新研产政策性资金的短缺

政府层面在民族服饰传承保护与创新发展中，主要起统筹规划作用，少有相关发展政策资金补助，企业和传承人需依靠自身力量利用非物质文化遗产盘活相关产业。政府资金有限，难以面面俱到，民族服饰产业化发展及服饰旅游文创产品开发需基础投资，资金缺乏导致发展进程缓慢，难见成效。

（六）民族服饰及相关工艺制品管理的不规范

民族服饰及相关工艺品制作多以师徒式、家族式传承，多为个体作坊。因缺乏规范管理制度，存在以下各种问题：师资和资金储备欠缺、获得可利用资源少；传承观念不准确，选用廉价材料替代手工制品，使传统文化失真；设计理念偏离现代生活且缺乏审美观念；制作工艺粗糙、基本功底薄弱，商品价值低廉，缺乏市场价格优势等。现阶段民族服饰及相关工艺制品市场亟待开发，政府应给予正确引导、技术扶持，进行规范、系统、有效管理，使其成为发展民族服饰文化的中坚力量，助力乡村产业振兴。

（七）市场层面的挑战

"企业+传习基地"与"非遗+企业+旅游"模式虽初见成效，但仍面临发展瓶颈。在民族服饰非遗活化利用上，主要以博物馆静态陈列和依靠服饰原有表现方式进行旅游开发，展示方式单一，未能充分利用互联网技术多方位展示。传统服饰文化IP不突出，未对服饰元素进行数字化整合，现有纹样元素生搬硬套于产品中，难以满足消费者审美需求，且产品实用性不强，导致服饰工艺品无人问津。在营销方式和手段上，仍采用传统方式，未结合时代发展创新，使民族服饰市场狭窄，仅限于本民族小部分消费者市场，未实现服饰文化有效传播。

四、中国非遗服饰文化遗产保护与传承的路径

中国非遗服饰文化遗产，作为民族文化"基因"的重要载体，既承载着深厚的历史底蕴，又蕴含着鲜活的现实价值，是连接过去与未来的文化桥梁。为了确保民族文化"基因"的延续和发展，我们必须明确传统服饰文化遗产保护与传承之间的紧密联系。保护与传承相辅相成，缺一不可。没有保护的传承，就如同失去了源头的水流、没有了根基的树木，其传承发展可能会丧失原有的文化特色。缺乏传承的保护，会使服饰文化遗产仅停留在历史的长河中，无法焕发出新的生命力。因此，传统服饰文化遗产的保护与传承应当遵循"在保护中传承，在传承中保护"的原则。经过社会各界多年的实践探索，目前总结出七条合理有效的传统服饰文化遗产保护与传承路径。

（一）数字化保护与传承

历史发展至今，传统服饰文化的传承保护随着现代技术的发展不断变化，非遗视角下传统服饰文化的数字化保护与传承成为非遗服饰文化遗产保护的重要路径。通过数字化手段，将非遗服饰进行系统收集、整理和保存，利用技术手段将其转换为可共享、可再生的数字资源，构建起科学、系统的非遗数字化数据库保护体系。例如，利用3D、虚拟现实等技术对实物进行数字化场景搭建，解决传统保存手段易损坏、易丢失的问题，使非遗服饰文化得以跨越时空限制实现传承与传播。数字技术为非遗服饰文化的传承提供了平台支撑，使更多年轻人有机会通过在线课程、虚拟现实等手段学习和了解非遗，参与非遗的学习和实践。

（二）产业化发展

产业化发展是推动非遗服饰文化遗产可持续传承的关键路径。在此过程中，需要注重传统与现代的融合创新，将非遗服饰元素巧妙融入现代时尚、家居、建筑等多个领域，打造出既富含文化底蕴又符合现代审美的新产品和生活方式。例如，苏州上久楷丝绸科技文化有限公司成功地将传统宋锦工艺与现代数码技术相结合，不仅传承了古老技艺，还实现了产品的规模化生产，让非遗之美走进千家万户。

产业化发展离不开品牌建设的支撑。我们应以品牌为引领，提升非遗服饰的市场认知度和竞争力，让非遗文化在市场中绽放光彩。此外，深入挖掘非遗服饰文化的内核至关重要。通过跨学科的研究方法，我们应全面剖析非遗服饰的历史渊源、艺术特色和社会价值，为产业化发展提供深厚的文化底蕴和理论支撑。

在乡村振兴的战略大潮中，非遗服饰文化的保护与传承更是迎来了前所未有的机遇。一方面，通过传承和发展传统服饰制作工艺，可以为乡村居民提供创业增收的新渠道。建立传统服饰制作工坊，开展技艺培训，让村民在家门口就能掌握一技之长，实现就近就业，增加收入。另一方面，将非遗服饰文化元素融入乡村的各个方面，如建筑、家居、餐饮等，不仅能提升这些产业的文化品位和附加值，还能吸引更多游客前来感受当地非遗文化的魅力，推动乡村经济的多元化发展，助力产业兴旺，让非遗服饰文化在乡村振兴的广阔舞台上绽放新的光彩。

（三）教育与人才培养

建立健全非物质文化遗产教育体系，是确保非遗服饰文化遗产得以有效传承的关键所在。我们应当形成课程育人、实践育人、文化育人的长效机制，为非遗服饰的传承与发展奠定坚实基础。

高校作为人才培养的主要阵地，应充分发挥其教育资源优势，完善实践育人基地建设。通过发展民族工艺、智慧纺织等承载非遗教学功能的实验室，将传统技艺与现代科技相结合，为学生学习非遗服饰提供实践平台。同时，让传承人的手工作坊入驻高校教学场所，让学生近距离感受非遗服饰的魅力，组织大学生到传承人的非遗工坊观摩学习，到校企合作单位实习实践，将理论知识与实践操作紧密结合。此外，高校还应积极搭建非遗文化交往交流平台，将非遗特色文化活动融入校园文化建设之中。利用"文化和自然遗产日"、二十四节气等时间节点，策划文创产品设计与制作活动，举办非遗学堂、研学活动、艺术节和文化论坛，营造浓厚的非遗文化氛围，塑造良好的育人环境。

为了更深入地挖掘和研究非遗服饰文化，还需要组建专业的科研小组。科研小组应对非遗服饰的图像资料、影音资源、服饰理论、研究方法、路径实施进行实地调查与研究，通过田野调查等研究方法，深入挖掘传统服饰文化的内涵和价值。同时，引进人类学家、历史学家、具有专业知识的设计师等专项研究人员，让他们深入了解、感受当地的风俗人情，与村民共同生活，将所研究的民族服饰以多样化的载体展现。科研团队还应积极发挥指导作用，给予有需要的服饰设计团队以设计、理论等方面的支持；对有需求的村民进行专业知识讲授与教学，提高他们的非遗文化素养和专业技能。同时，定期开展与非遗传承人的文化交流研讨会，促进非遗传承人之间的经验交流与分享，使他们不断提高专业知识水平，增强文化自信，争做具备深厚文化素养和匠心精神的非遗传承人。通过这些措施，为非遗服饰文化遗产的传承提供有力的人才保障。

（四）社会参与与传播

社会各界的广泛参与是非遗服饰文化遗产保护与传承的重要保障。一方面，要通过多种渠道宣传非遗服饰文化内容，提高公众对非遗服饰的认知度和认同感。例如，利用新媒体传播平台或短视频社交软件，如微信、微博、抖音、快手、小红书等，对非遗服饰文化、服饰工艺制作进行直播讲授。数字影像技术的运用，能够直观、完整地记录制作流程，打破地域限制，拓展传承范围，延伸传播空间。另一方面，要鼓励企业、社会组织和个人积极参与到非遗服饰文化遗产的保护与传承，形成全社会共同参与的良好局面。例如，一些企业通过与非遗传承人合作，开发非遗服饰产品，推动非遗文化的市场化发展。同时，要注重非遗服饰文化的国际交流与合作，通过展示、交流、活动、展览等方式，让外国朋友有机会亲身体验和感受中国非遗文化的独特魅力，促进文明互鉴。

（五）传承人提升自身素养，提高传承能力

非遗服饰传承人作为民族传统文化的重要守护者，必须具备深厚的人文素养、通识素养和操作素养。面对当前传承能力参差不齐的现状，传承人应自觉肩负起传承民族文化的使命，坚守民族信仰，抵御物欲与私欲的考验，忠诚于本民族文化血脉。在融媒体时代背景下，传承人需不断精进技艺，夯实固有文化基础，同时积极借鉴当代优秀文化，提升通识素养，活化传统服饰文化，以适应时代发展的需求。

传承人应集思广益，立足传统，发挥主观能动性，探寻新的发展模式。重视实践性演进与生产性保护，不断丰富传承内容，改进传承方式方法。充分利用"互联网+"模式，普及和宣传非遗服饰文化，推动非遗服饰及文创产品走向更广阔的舞台，让更多人了解和欣赏非遗服饰的魅力。

（六）培育服饰文创产业链

在推动中华优秀传统文化创造性转化、创新性发展的背景下，非遗服饰文化与文化创意产业的融合成为必然趋势。民族服饰作为文化资源的重要内容，应通过规模化、集体化的发展道路，将其转化为民族文化资本。在保护非遗服饰文化原真性的基础上，融入现代审美观，将物质形态与文化内涵完美结合，转化为文化创意产品。

借助生产、流通、销售等手段，推动非遗服饰文化资源的市场化运作。通过"互联网+"模式创新营销方式，拓宽购买渠道，利用现代传播手段拓宽公众接触非遗服饰文化的途径。输出非遗服饰文创产业孵化平台IP，线上线下相结合，有效传播与推广民族服饰文化，搭建非遗服饰文化创意产品与市场需求的桥梁。

（七）政策支持与保障

政府应出台相关政策，为非遗服饰文化遗产的保护与传承提供政策支持和保障。例如，制定与我国非遗服饰文化相匹配的管理机制，吸收其他国家和地区的先进管理方式，结合传统服饰的变化与发展，逐渐克服传统文化在发展过程中面临的劣势。此外，政府还应加大对非遗服饰文化遗产保护的资金投入，支持非遗项目的申报、保护、传承和创新。通过政策引导和资金支持，为非遗服饰文化遗产的保护与传承创造良好的政策环境和社会氛围。

第二节　基于博物馆展示的保护与传承

传统服饰文化遗产是真实历史的一部分，历史价值是其保护与传承的灵魂所在，因此应对其历史价值进行"原真性"保护，即将服饰文化遗产真实地、完整地、未经任何改编改造的保护，从而在传承过程中，有所参照，不盲目创新发展，仍然能延续我国服饰中优秀传统文化"基因"的纯净性和稳定性。

以博物馆为中心的服饰文化遗产保护与传承体系建立在对传统服饰文化遗产档案详细建立、资料全面搜集的基础之上。博物馆的收藏、展示、研究及教学等多重功能，能够对传统服饰的"原真性"建立一个积极有效的保护、抢救和传承的机制，对客观还原传统服饰所具有的物质形态和文化形态起到重要作用。通过博物馆体系历年来的积累，为真实地探索民族服饰所蕴藏的文化"基因"提供了强有力的实证依据。

一、国内服饰图书馆概况

以下是国内10家具有典型性及代表性意义的服饰博物馆介绍：

（一）南京云锦博物馆（建馆时间：1957年）

作为我国唯一的云锦专业博物馆，主要展示以南京云锦为代表的我国民族织锦艺术。馆内不仅陈列着云锦织造工艺，还收藏有明清时期的云锦精品实物、中国古代丝织文物复制品等众多文物。南京云锦拥有1500多年的手工织造历史，其独特的浮雕、镶嵌技艺，展现出别具一格的审美境界和文化艺术魅力，深刻反映出中华民族特有的文化内涵。

（二）江宁织造博物馆（建馆时间：2006年）

该馆以"一府《织造》、一馆《云锦》、一楼《红楼梦》、一园《园林》"为主线，采用多种展陈方式，精心遴选了数百件珍贵文物史料，清晰地再现了江宁织造府的兴衰脉络，为研究江宁织造历史提供了丰富的实物资料和场景还原。

（三）中国丝绸博物馆（建馆时间：1992年）

作为第一座全国性的丝绸专业博物馆，同时也是世界上最大的丝绸博物馆，馆内藏品丰富，涵盖了自新石器时代起各朝代与丝绸有关的历史文物，如汉唐织物、辽金实物、宋代服饰、明清时期的官机产品以及近代旗袍和像景织物等，全面展现了我国丝绸文化的悠久历史和卓越成就。

（四）宁波服装博物馆（建馆时间：2009年）

是我国第一家服装业专题博物馆。馆内展示了两千余件我国服饰历史珍品，生动再现了民族服饰文化的历史场景。展览中还特别穿插了宁波服饰起源以及红帮裁缝诞生过程，突出了其对我国近、现代服饰形成与发展的重要贡献，深刻展现了我国服饰文化的发展脉络。

（五）上海纺织服饰博物馆（建馆时间：2008年）

我国唯一一座综合展现国内纺织服饰历史文化和纺织科技的专业博物馆。馆内陈列以我国纺织服饰发展历程以及纺织服饰科普教育为特色，充分体现出学术性与科普性的结合、纺织和服饰的融合以及少数民族和汉民族纺织服饰的综合等特色，为公众提供了深入了解纺织服饰文化的平台。

（六）上海纺织博物馆（建馆时间：2007年）

通过纺织服饰实物、图片与文献资料、多媒体设备等多种展示手段，详细展示了上海地区纺织业的发展历程，生动体现了上海纺织业在社会主义建设时期所做出的历史性贡献，成为研究上海纺织业发展的重要窗口。

（七）中央民族大学民族博物馆（建馆时间：1952年）

作为我国最具代表性的民族学专业博物馆之一，馆内收藏、展览了我国56个民族的文物，数量之多堪称国内高校之最。馆内藏品涵盖全国56个民族的服饰、生产工具、皮毛、历史文献、珠宝器以及宗教用品等14类文物，为研究我国各民族的历史文化提供了宝贵的实物资料。

（八）中南民族大学民族学博物馆（建馆时间：1953年）

我国唯一一座以"民族学博物馆"命名的专业性博物馆。馆内设有民族服饰、民族工艺品以及民族文化等展厅，收藏展示29个民族的文物及图片多达一万余件。馆内文物风格多样，或古朴，或典雅，或华丽，其中不乏珍品，充分展现了我国南方各民族多姿多彩的传统文化及风俗民情，为研究民族学、人类学等学科的学者提供了探究中华民族文化精神真谛的重要场所。

（九）北京服装学院民族服饰博物馆（建馆时间：2000年）

我国首家服饰类专业博物馆，集收藏与展示、科研及教学于一体，是国内最好的服装专业博物馆之一。馆内藏品丰富，包括我国各民族的服装、饰品及织物等一万余件文物，同时还收藏了近千幅20世纪二三十年代拍摄的彝族、藏族与羌族的生活服饰珍贵图片，为研究我国民族服饰文化提供了丰富的实物和图像资料。

（十）北京民俗博物馆（建馆时间：1997年）

作为北京唯一一座国办民俗类专题博物馆，常年举办老北京民俗风物系列展。此外，还先后推出了《老北京人的生活展》《中国百年民间服饰展》《锦州满族医巫闾山剪纸展》等有很强代表性的主题展览，通过这些展览，生动展现了老北京以及我国各地的民俗风情和服饰文化，为传承和弘扬民俗文化发挥了重要作用。

二、服饰博物馆实体展示形式

服饰博物馆实体展示是指藏品实物的陈列展览，以文物、标本为基础，配合适当的辅助展品，按一定主题、序列和艺术形式组合进行的文物展示。

（一）服装实体展示

从服饰博物馆现存藏品的展示形式看，服装的实体展示形式主要有平面铺排展示、陈列架展示、人模展示三种基本形式。

1. 平面铺排展示

如图5-1所示，服装的平面铺排展示是指服装展品依附于某一实体支撑物上，将其某一部分或全部铺展开来，以供展示。服饰博物馆在展示服装、饰品、纺织面料以及书籍等常采用这种展示形式。平面铺排展示形式受展品本身形状影响较大，所以变化形式较少，只能展现出展品的平面信息。

图5-1　服装平面铺排展示

此外，平面铺排还可以通过改变实体支撑物本身的材质、颜色等延伸出多种表现形式。例如，在其玻璃支撑实体的两侧都留出观赏通道，使展品的两个平面都能被展示。

2. 陈列架展示

陈列架展示是通过展示陈列架来支撑并展现服饰立体形态的展示方式。该方式能够全面、准确地传达服饰某一单面或两个平面的完整信息，同时，借助陈列架的支撑作用，有效展现服装面料的质地、造型等特性。相较于平面铺排展示，陈列架展示更具生动性和鲜明性，为观众提供了更为直观、立体的视觉体验。

陈列架展示对空间布局有着较高的要求。由于受到展品宽度的限制，为了充分节约展示空间，通常会采用部分重叠或前后排高低放置的方式。在确保不影响展品展示效果的前提下，最大限度地提高空间利用率。

3. 人模展示

服饰人模展示是指将服饰穿着于模拟人体体态特征的模型上的立体展示。人模展示能够完整呈现服饰的穿着效果，对服饰进行三维展示。人模展示可分为缺省人模和完整人模两种。缺省人模展示有助于突出服饰的某个部分，强化观众的观赏印象。而完整人模则能够传递更加完整和丰富的展示信息，在表现力方面具有更多优势。尤其是在进行主题展示时，完整人模更是不可或缺的选择，它同时也是学术研究成果的生动体现。

（二）纺织面料实体展示

面料主要以其肌理、组织结构、花纹和图案等为主要展示点，采用平面二维的展示方式，具体分为平面铺排和陈列架展示两种形式。平面铺排展示是直接将面料铺展在平面上，是展现面料肌理和组织结构的主要方式（图5-2）。而陈列架展示则利用点、线的支撑结构来展示面料，基于面料的平面性特点，单根横杆陈列架方式较为常见（图5-3）。

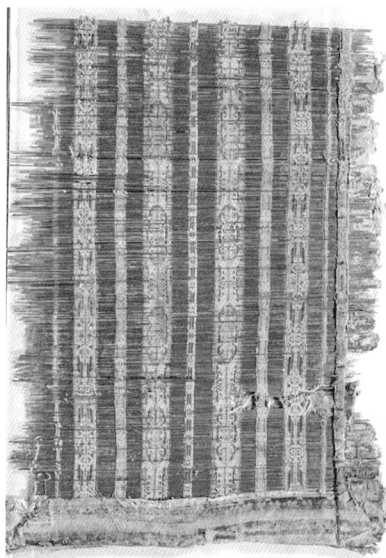

图 5-2　纺织面料平面铺排展示　　　　图 5-3　纺织面料陈列架展示

（三）服饰配件实体展示

服饰博物馆中的服饰配件多采用平面放置形式展出，其布置方式与其他藏品一致，根据配饰的结构与颜色精心设计，以凸显特色。具体设计时，配饰可与展台呈平行、垂直或0°～90°间的任意倾斜角度（图5-4、图5-5），这种多角度的展示手法为参观者带来了丰富的视觉体验，避免了单调。

图 5-4　服饰配件平面平行展示　　　　图 5-5　服饰配件平面倾斜展示

对于面积较大的服饰配件，如郑州博物馆的云肩藏品，采用平面铺排方式尤为适宜（图5-6），不仅全面展现了云肩的全貌，还引导参观者从新颖角度进行欣赏，增强了展示的趣味性和多样性。

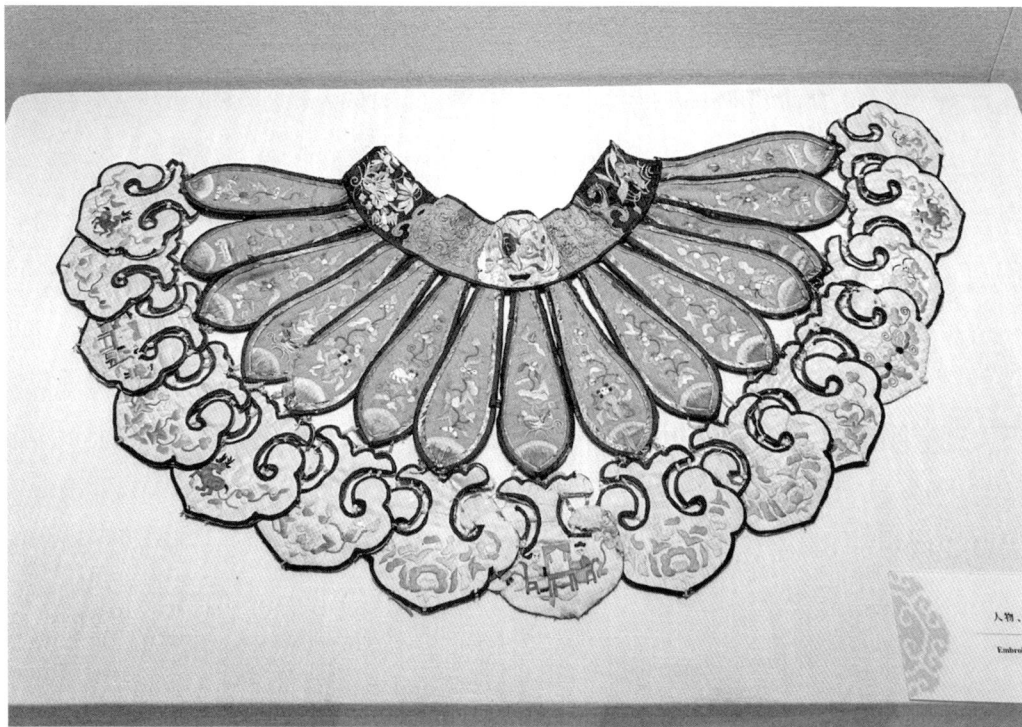

图5-6 人物、花卉纹刺绣云肩（郑州博物馆）

此外，服饰配件亦可借助人模展示，与服装共同构成主题展示。此方式能直观体现配饰的体积感，使参观者清晰感知配饰的大小、与服装的质感对比、佩戴方式及位置，以及搭配特色。这不仅有助于信息的完整传递，还生动展现了配饰的功能与象征意义。

（四）工具制品实体展示

服饰博物馆为丰富展示主题，增强趣味性，特在展厅内陈列服饰制作工具，旨在使参观者在领略服饰文化的同时，也能了解服饰制作工艺、流程及所用工具。调研发现，这些工具制品种类多样，包括量身尺、设计书籍、图片、织布机、缝纫机、纺纱机及建筑遗址模型等。

工具制品多采用平面放置的形式进行展示。例如，江宁织造博物馆的江宁曹氏大花楼机即采用此方式（图5-7）。而中国丝绸博物馆则通过模拟场景模型展示蚕织图（图5-8）。

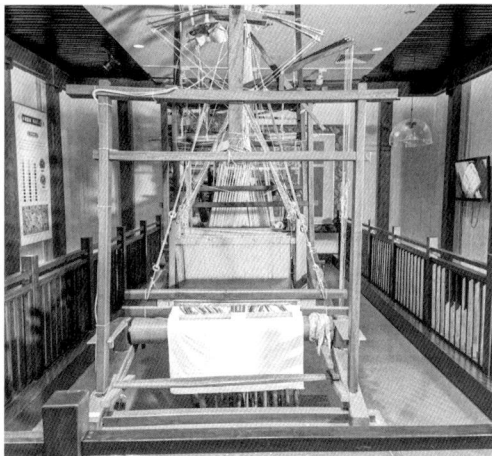

图 5-7　南京江宁曹氏大花楼机（江宁织造博物馆）　图 5-8　蚕织图微缩模型（中国丝绸博物馆）

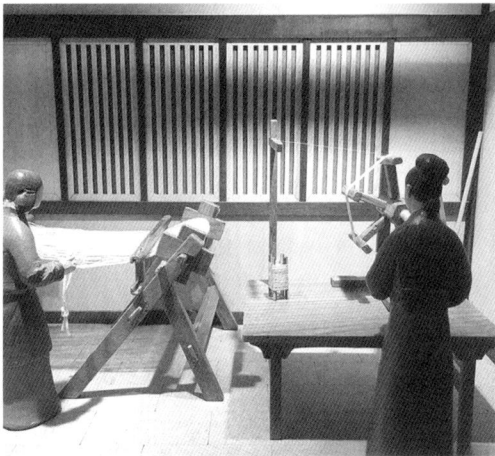

三、服饰博物馆数字化展示形式

服饰博物馆数字化展示为服饰文化遗产展示带来了一种全新模式。目前国内服饰博物馆数字化展示形式主要有虚拟服饰博物馆、多媒体系统和数字图片展示三种主要的数字化展示形式。

（一）虚拟服饰图书馆展示

虚拟服饰博物馆是运用计算机技术、多媒体技术、网络技术及虚拟现实技术等数字化手段，再现服饰博物馆文物、历史及其他场景的陈列方式。它不仅拓展了传统服饰博物馆的展示与演示功能，还通过软件或硬件设备为参观者提供了新颖的交互体验。例如，上海纺织服饰博物馆利用虚拟展示技术，使观众可以通过鼠标操作多角度、多侧面地查看数字服饰文物，并进行放大或缩小操作，以实现最佳的欣赏和学习效果。此外，美特斯·邦威服饰博物馆的虚拟博物馆通过三维模型、图像资料和文字说明，全面展示馆内精品文物，观众只需通过互联网即可随时随地访问，感受民族服饰的独特魅力（图5-9）。这种数字化展示方式不仅弥补了实体展示的局限性，还为专业人员的研究提供了便利。

（二）多媒体系统展示

多媒体系统展示以网络为平台，通过高质量的编码方式将视频、音频、动画和图片信息传输到播放端，为观众提供沉浸式的文化体验。例如，上海纺织博物馆通过视频展示从扎花到成衣的全过程，而中国丝绸博物馆则通过实拍纪录片展现丝质服饰的质地与美感。此外，中南民族大学民族学博物馆利用民族风情纪录片展示不同民族的服饰习俗，增强观众对民族文化的理解。

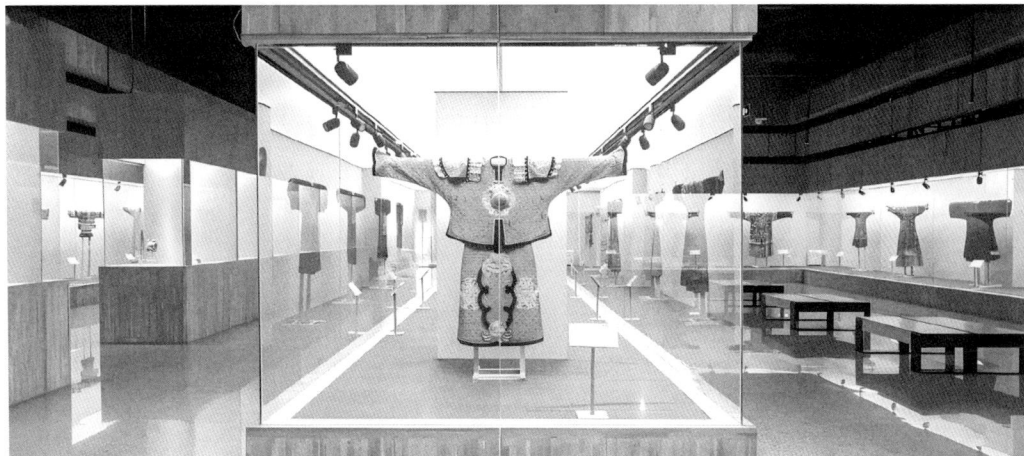

图 5-9 美特斯·邦威服饰博物馆的虚拟博物馆

值得关注的是，电子光控翻书展示形式通过光感应系统实现页面自动翻转，为观众带来新奇的互动体验。此外，动画展示形式因其趣味性和形象化特点，逐渐成为服饰博物馆的重要展示手段。例如，江宁织造博物馆通过动画展示了《康熙南巡图》和云锦的制作过程，而江南大学民间服饰传习馆则利用三维模型技术通过虚拟走秀展示了汉民族服饰的穿着搭配与款式特色。

（三）数字图片展示

数字图片展示以多媒体设备为平台，分为动态图与静态图两种形式。在服饰博物馆中，静态图片展示运用较多，它能有效弥补实体展馆展品不足的缺憾。通过图片及文字介绍，参观者可更好地了解民族服饰发展史。如中国丝绸博物馆利用静态图片展示战国至清代的宫廷华服和家常日用绣品，具有极高的学习与研究价值。同时，动态图展示形式也逐渐兴起，如宁波服装博物馆利用"交互式"动态图与字幕展示服饰演变，使参观者能够根据自己的需要缩放图片，反复观察，更深刻地了解民族服饰的纹案与制作技艺。

四、服饰博物馆交互式展示

将"体验"理念融入服饰博物馆的展示方式，是社会与科技发展的必然趋势。鉴于服饰藏品的独特性，"交互式虚拟服饰博物馆"将成为宣传和弘扬民族服饰文化的重要途径之一。参观者通过体验式的展示方式获取展品信息，能够深入感知服饰文物的情感价值、象征意义和符号内涵，同时，这种展示方式也为参观者提供传统服饰文化的沉浸式体验和精神上的满足。

（一）服饰博物馆交互式展示的原则

1. 主题性原则

明确展示主题是服饰博物馆体验式展示设计的核心。所有设计元素和互动环节必须紧密围绕主题展开，确保展示内容的连贯性和一致性，为参观者提供清晰、有序的观展体验。

2. 艺术性原则

艺术性原则要求服饰博物馆的体验式展示在准确传达信息的同时，注重表现形式。这包括展示内容的准确性、表现手法的生动性以及结构布局的合理性，力求达到艺术与生活、理想与现实的和谐统一。

3. 深刻性原则

深刻性原则强调体验式展示应能激发参观者的深刻心理感受。通过设计复杂的互动环节和强烈的感官刺激，引导参观者深入"角色"，产生深刻的记忆，并通过多种形式保留和传播这些体验。

4. 参与性原则

参与性原则基于心理学研究成果，认为深入参与和主动参与能给大脑带来强烈刺激，留下深刻印象。在服饰博物馆的体验式展示中，应鼓励参观者主动参与，通过亲身经历一系列值得记忆的事件，形成深刻的感性体验。

5. 多样性原则

多样性原则要求服饰博物馆的体验式展示充分考虑参观者的视觉、听觉、触觉和心理感受。通过针对这些感官的深度开发，设计多样化的互动环节，丰富参观者的体验效果，提升观展的趣味性和吸引力。

6. 准确性原则

准确性原则是数字化展示手段的基础原则。所有展示内容和信息必须准确无误，确保参观者获取的知识和信息是可靠和真实的。在此基础上，才能进行其他层次的设计和延伸。

7. 人性化原则

人性化原则强调体验式展示设计应以人为本，围绕人的需求进行设计。这包括信息展示的美观性、舒适性和交互性等，确保参观者在观展过程中能够感受到便捷、愉悦和满足，从而提升整体观展体验。

（二）服饰博物馆交互式展示的形式

服饰博物馆的交互式展示形式丰富多样，针对其展示内容的特性，大致可归纳为以下三种主要形式：

1. 情境体验形式

情境体验以具体情景为基础，通过提炼和升华情景的本质精神，营造出一种"似与不似之间""神似而非形似"以及"欲说还休"的高妙境界。这种体验形式赋予参观者思想的主动权，为他们创造一个可以联想、思考和回忆的神秘空间。例如，中国丝绸博物馆云上展览《九天阊阖：丝绸之路上的长安》（图5-10），展厅采取沉浸式设计，观众步入展厅前先穿过一道朱红的"城门"。这道"城门"象征着被誉为"丝绸之路外交起点"的含光门，在唐代，来自世界各地的使者从这里进入长安。展厅中大量使用长安城中常见的赤色（正红色）烘托庄严肃穆的氛围，兼以其他红色系色彩展现长安城的明媚热烈。此外，提取唐代壁画局部设计展陈空间，复现当时的生活场景，给观众穿越时空、亲临长安之感。展览还采用了"观众生成内容（UGC）"新型策展理论，把展览延伸到展厅之外，联合当地媒体推出了"我眼中的长安展"晒帖活动，邀请观众在APP上分享观展体验，把观众感动、自豪的情感抒发和专业的点评都纳为展览的一部分。展览带领观众从五个方面认识长安：世界之都、商贸之都、时尚之都、文化之都以及长安与浙江的关系。唐长安城是中国历代面积最大的都城。展厅中的汉白玉贴金观音立像、番酋像等文物再现外国使者、商人、留学生、僧人，不远万里循着丝路，来到长安朝贡、经商、求学、巡礼，甚至世代定居的图景。

图5-10　九天阊阖：丝绸之路上的长安（中国丝绸博物馆，云上展览）

2. 角色体验形式

角色体验形式以参观者的精神感受为中心，坚持以人为本的设计理念。在服饰博物馆中，可以引入三维试衣技术，参观者只需站到服饰面前，通过简单操作即可将服饰"穿"

在自己身上，亲身体验民族服饰的独特魅力。同时，可以仿制一些具有民族特色的服饰，让参观者真正穿上，实现与民族服饰的"零距离"接触。此外，通过营造相应的环境氛围，参观者可以更深入地了解民族服饰的纹案、面料以及文化内涵。如上海纺织服饰博物馆中，参观者可以根据视频演示的手绘 T 恤、首饰 DIY 和服饰款式数字化拼接等，成为"设计师"，体验设计与制作服饰的过程。

3. 虚拟体验形式

随着计算机技术和网络技术的飞速发展，以及虚拟现实等高新技术的广泛应用，服饰博物馆的展示形式日渐丰富。虚拟体验形式就是其中的一种创新表现，它使展示形式呈现出多层次、立体化的格调。通过虚拟现实技术，操作者可以借助虚拟展示设备与虚拟环境中的展品进行交互，获得身临其境的感受。此外，虚拟现实展示还可以应用于文物的保护和复原工作，让那些年代久远、不适合经常展出的展品以虚拟形式呈现在观众面前。这样，参观者就可以清晰地欣赏到这些展品，感受它们的独特魅力。

（三）服饰博物馆交互式展示的手段

为适应时代潮流，凸显自身特色，服饰博物馆在展示设计方面必须寻求突破，以在现代化博物馆中立足，并更好地承担起服饰文化遗产的保护与弘扬使命。

1. 展示设计更加人性化

未来服饰博物馆的展示设计应深度贯彻"以人为本"的理念，充分考虑参观者的生理、心理、情感与精神需求。围绕参观者展开展示形式与环境的营造，提升其体验感。例如，江南大学民间服饰传习馆可结合汉民族服饰与生产工具的收藏特色，设计展示汉民族节日穿着场景的专题影片，并根据不同地区服饰与民俗特点，打造相应的沉浸式场景。此外，灯光设计应模拟自然光照效果，以更好地衬托汉民族服饰的色彩与纹样之美。

2. 展示方式更具开放性

展示方式的开放性应着重体现在参观者的参与度上。服饰博物馆不仅要面向社会大众，更要满足服饰专业领域专家与学生对民族服饰文化的专业需求。为此，展示设计需强化"全接触、全体验"的特色功能，无论是实体展示还是数字化展示，都应以增强参观者体验为核心。例如，制作民族服饰仿制品供参观者试穿，或提供简单服饰品的 DIY 活动，让参观者亲身感受服饰的穿着效果与制作流程，从而激发其参与兴趣。

3. 展示形式更加多样化

多样化的展示形式是满足现代参观者个性化需求的关键。实体展示与数字化展示的有机结合，能够实现最佳展示效果。作为校园文化建设的重要组成部分，服饰博物馆需通过创新展示形式吸引更多参观者。例如，北京服装学院民族服饰博物馆作为集收藏、展示、科研与教学为一体的文化研究机构，面对不同教育程度与年龄层的参观者，可根据展厅主题设计现代化展示形式。通过虚拟搭建苗族风情主题展馆或其他少数民族服饰展厅，并配以民族音乐、视频或动画，营造"身临其境"的体验，既能满足专业人士的研究需求，也能满足普通参观者的观赏需求。

4. 信息载体更加丰富

随着科技发展，多媒体影像、数码技术、光电感应技术以及虚拟模拟等手段已广泛应用于服饰博物馆的展示设计。未来，更多先进的信息载体与展示手段将被引入，如虚拟博物馆、3D影像、4D影院等，为参观者带来更加真实、沉浸式的交互体验。然而，展示设计应坚持"虚实结合"的原则，尊重藏品实物与史料数据，遵循博物馆的展示定位与宣传目标，确保虚拟场景服务于藏品展示，避免本末倒置。

第三节 基于现代技术手段的保护与传承

科技的进步为传统服饰文化的保护与传承带来了强有力的技术支持和坚实保障。一方面，由于历史变迁、自然损害或人为破坏，传统服饰文化遗产的实体资源面临着毁损和消亡的严峻威胁，亟需借助现代先进技术来保护这些宝贵的文化遗产。另一方面，传统服饰中蕴含着丰富的"活态"传承资源，这些资源需要以更加客观、科学的方式进行提取和转化。现代技术的运用，使得我们能够从过去仅凭社会科学角度的感性认知，提升到基于实证和理性的层面来精确提取传统服饰的要素，从而更全面地展现其独特的艺术魅力、文化内涵和美学思想。因此，现代技术成为传统服饰文化保护与传承不可或缺的重要手段。

一、数字化技术

数字化技术是现代科技在文化遗产保护领域的重要应用之一。通过数字化手段，可以将服饰文化遗产转化为数字形式，实现永久性保存和高效传播。

（一）三维扫描与建模技术

三维扫描与建模技术能够以高精度的方式记录服饰的形状、结构和细节。通过高精度激光扫描或结构光扫描技术，可以将服饰文物的三维模型完整地记录下来，不仅保留了其外观特征，还能通过虚拟现实（VR）或增强现实（AR）技术进行展示。

（二）数字化存储与共享

数字化存储技术为服饰文化遗产的长期保存提供了可靠保障。通过将服饰文物的数字信息存储在云端或本地服务器，可以实现数据的永久保存和高效管理。同时，数字化共享平台使得服饰文化遗产能够在全球范围内传播，促进文化交流与合作。

二、环境监测与修复技术

除了数字化技术，现代科技还在服饰文化遗产的修复与保护方面发挥了重要作用。

（一）环境监测与控制技术

环境因素对服饰文物的保存至关重要。通过环境监测系统，可以实时监测博物馆展厅和库房的温湿度、光照强度和空气质量。例如，中国国家博物馆采用智能环境控制系统，根据文物的保存要求自动调节展厅的环境参数，确保文物处于最佳保存状态。这种技术不仅延长了文物的寿命，还减少了因环境变化导致的文物损坏。

（二）无损检测技术

无损检测技术能够在不损伤文物的前提下，对其内部结构和成分进行检测分析。例如，X光成像技术可以检测服饰文物的内部结构，发现隐藏的损坏情况；而红外光谱分析技术则可以分析服饰面料的成分和染料的种类。这项技术为文物修复提供了科学依据，帮助修复人员制定合理的修复方案。

（三）智能材料与修复技术

智能材料的应用为服饰文物的修复提供了新的思路。例如，纳米材料可以用于修复服饰文物的纤维结构，增强其强度和耐久性。同时，智能修复技术如3D打印技术可以精确复制文物的缺失部分，实现文物的外观修复。这些技术的应用不仅提高了修复效率，还最大限度地保留了文物的原始信息。

三、传统服饰色彩的智能提取技术

（一）智能提取技术的原理与方法

智能提取技术主要通过计算机图像处理和数据分析算法，从传统服饰图像中提取色彩信息。常用的方法包括聚类算法、图像分割技术以及深度学习模型。

1. 聚类算法

聚类算法是传统服饰色彩提取的常用方法之一。K-means算法和Mean-shift算法是其中的典型代表。K-means算法通过将图像中的像素点划分为若干簇，提取每簇的中心颜色作为主色。例如，在对新疆巴里坤出土的清代纺织品纹样进行色彩提取时，研究者设计了一种结合多变量模糊C均值（MFCM）聚类算法和K-means++算法，有效提取了纺织品的主色，并保留了图像细节。Mean-shift算法则通过分析图像中像素点的密度分布，自动寻找色彩聚类中心，适用于复杂背景下的色彩提取。

2. 图像分割技术

图像分割技术通过将图像划分为多个区域，分离出服饰主体与背景，从而更准确地提取色彩信息。例如，采用大津法或阈值分割法可以有效分离图像背景与前景，结合中值滤波法去除噪声，进一步提高色彩提取的准确性。

3. 深度学习模型

随着深度学习的发展，Mask-RCNN等模型被应用于服饰色彩提取。Mask-RCNN通过对图像进行实例分割，精确提取服饰区域，并结合聚类算法提取主色。这种方法在处理复杂图案和多色彩服饰时表现出色，能够提供更精细的色彩分布信息。

（二）智能提取技术的应用案例

智能提取技术在传统服饰色彩研究中已取得显著成果，广泛应用于色彩复原、纹样数字化以及文化传承等领域。

1. 色彩复原与纹样数字化

在新疆巴里坤出土的清代纺织品研究中，通过聚类算法与图像分割技术相结合，研究者成功复原了纺织品的色彩与纹样。类似地，对唐代敦煌壁画女性服饰色彩的研究中，K-means算法被用于提取壁画中服饰的主色，并分析其色相、饱和度和明度特征。这些研究不仅为文物的数字化保护提供了技术支持，还为传统服饰色彩的复原提供了科学依据。

2. 文化传承与创新设计

智能提取技术为传统服饰色彩的传承与创新设计提供了新的思路。通过对传统服饰色彩的精确提取，设计师可以将这些色彩应用于现代设计中，实现传统与现代的融合。例如，通过对客家传统服饰色彩的提取与分析，研究者将其应用于现代服装设计，并在3D软件中进行虚拟展示。这种技术不仅保护了传统色彩文化，还为其在现代社会中的应用提供了可能。

（三）智能提取技术在传统服饰色彩保护中的意义

智能提取技术在传统服饰色彩保护中具有重要的意义，主要体现在以下三个方面：

1. 精确性与客观性

传统色彩提取方法多依赖于人工操作，存在主观性和效率低下的问题。智能提取技术通过算法自动化处理，能够更精确、客观地提取色彩信息，减少人为误差。

2. 数字化保护与传播

智能提取技术为传统服饰色彩的数字化保护提供了技术支持。通过提取色彩信息并建立数据库，可以实现传统服饰色彩的永久性保存和高效传播。例如，通过数字化手段提取的敦煌壁画服饰色彩，不仅为学术研究提供了数据支持，还通过线上展示让更多人了解传统服饰文化。

3. 文化传承与创新

智能提取技术为传统服饰色彩的传承与创新提供了新的途径。通过对传统色彩的精确提取与分析，设计师可以将其应用于现代设计中，实现传统色彩的活态传承。例如，通过对闽西客家服饰色彩的提取与再设计，研究者成功将传统色彩应用于现代服装，并在虚拟环境中展示其效果。

第六章　服饰文化符号的创新

第一节　服饰文化符号的创新设计

创新设计在连接传统服饰文化遗产与当代生活、促进服饰文化遗产当代价值转化方面发挥着关键作用。通过创新设计，可以将传统服饰的造型、色彩、纹样等外在属性，以及工艺技法、文化内涵、审美意蕴等内在属性，转化为与现代生活紧密相连的文化产品，有效实现服饰遗产的保护与活态传承。

一、传统服饰元素的现代解读与重构

传统服饰元素是服饰文化符号的重要组成部分，它们蕴含着丰富的历史信息和文化内涵。在现代设计中，对这些传统元素进行现代解读与重构，是创新设计的关键步骤。

（一）造型

我国传统服饰在造型上大多是平面结构，且以宽松为主。相互缝合的面料在边缘处的形状没有什么区别，因此对其加以缝合时，重叠的裁片会存在于同一平面，完成了上述环节后，一件完整的衣服就做出来了，将其平摊开来也保持着二维平面。我国传统服装平直且宽松，不强调人的形体，更注重突出人的精神气质，具有飘逸、动态的美感，可以将此类风格广泛地运用到现代服装设计之中。我国传统服饰的形式多样，如曳地的长裙、广袖拂风的汉袍、轻薄袒露的唐代大袖纱罗衫长裙等。在设计现代服装时，设计师应该以现代与传统相结合的眼光来对中国传统服饰元素进行审视，对现代服饰的形式特点以及具体细节进行分析，也可以将中国传统服饰的造型元素拆开，重新进行整合，再注入时尚的气息设计出符合现代审美的服装。

（二）色彩

传统服饰色彩是民族文化与审美意识的结晶，它承载着历史的记忆与情感的寄托。在现代服装设计中，对传统服饰色彩的解读与重构，不仅是对传统美学理念的致敬，更是对当代审美需求的创新融合。

传统服饰中的色彩运用，深刻反映了古代民族的意识形态与审美偏好。例如，我国夏、商、周这三个朝代，是非常崇拜天神的，认为天神可以随意支配世间万物，天神是以黑色示人的，所以，人们普遍认为黑色是可以支配世间万物的代表色，因此，当时的皇帝加冕服装就会使用黑色。到了汉代，人们开始尊崇大地，大地的颜色是黄色的，所以黄色又成了主流颜色，此时的黄色象征着高贵，是帝王的御用颜色。在阴阳五行的影响下，出现了青、红、黑、白、黄这五种正色，多被用于官服中，这就是我国的彩调文化现象。

在现代服装设计中，传统色彩被赋予了新的生命。设计师们以"中国红"等传统色为灵感，将其融入东方风格的服装设计中，使得作品既华贵又充满东方韵味。这种色彩的运用，不仅是对传统美学的传承，更是对现代审美多元化的探索与表达。红色，作为吉祥、喜庆的象征，无论是在古代还是现代，都以其独特的魅力吸引着设计师和消费者的目光。

同时，传统服饰中的色彩搭配原则也为现代设计提供了宝贵借鉴。我国传统文化向来认为深色更为华贵，然后才是浅色，所以在一些比较正式的礼服上总是会使用深色的织锦图纹，其主色调往往是一种颜色，然后在上面加入一些艳丽华贵的刺绣图案作为装饰。而一些居家服装和平民服装则会选用淡色。在明朝时期，可以从官员所穿的官服颜色来判断其官职的高低。色彩越少，所穿人的官职越低，反之则官职越高。在很多复古服饰设计上，都借鉴了明朝时期服装的吉祥色，如很多婚庆礼服通常会使用红色，以此来渲染吉祥的氛围。浅色更多地被用于普通的礼服设计中，这一点借鉴了明朝初期的服装色调，那个时期通常会用浅色象征服装的典雅与华贵。

此外，传统色彩与季节的象征关系也为现代设计提供了灵感。青色代表春天、红色象征夏天、白色寓意秋天、黑色则与冬天相对应，这种色彩与季节的巧妙结合，为现代服装设计带来了无限的创意空间。设计师们可以根据季节的变化，选择相应的色彩进行搭配，使得服装更加贴合时令与氛围。

（三）纹样

纹样是传统服饰中重要的文化符号，传统服饰纹样作为极具传承价值的文化资源，其图案形式、风格布局、色彩运用等元素，为现代服饰设计提供了丰富且直观的灵感来源。传统纹样所蕴含的生活情感与民族记忆，有力地促进了传统文化与现代生活的良性互动与沟通。在现代设计中，我们可以对传统纹样进行数字化处理和再创作，使其更加符合现代设计的审美要求。通过运用现代设计软件和技术手段，对传统纹样进行变形、重组和拼接，创造出具有新颖独特视觉效果的纹样图案。这些新纹样不仅可以用于服饰设计，还可以拓展到家居装饰、文化创意产品等多个领域，为传统服饰文化的传承和发展开辟新的路径。

（四）工艺技法

传统图案的绘制与制作主要依靠传统手工艺，我国传统手工艺包括蜡染、扎染、手工绘染、刺绣及盘花纽扣等，以下是对这些技艺的简要介绍：

1. 蜡染技艺

蜡染在隋唐时代曾风靡一时，至今在贵州、云南等地仍得以传承，具有鲜明的民族特色。作为一种防染工艺，蜡染可直接在布料或裁剪好的衣料上根据设计需求进行自由绘制。蜡质在织物上凝固后，经过多次染色处理，蜡层自然龟裂，蓝色染料沿裂缝渗透，形成独特的冰纹效果。

2. 扎染技艺

扎染古称绞缬或扎缬，其特点在于扎缝时针脚的大小、缝线的松紧以及皱痕折叠的变化，加上染色过程中浸染时间的不同，导致染液无法完全渗透，从而形成别致的无规则晕染效果，散发出一种神奇的艺术魅力。

3. 手工绘染技艺

手工绘染是在纺织织物上使用印染染料进行绘制装饰。它允许创作者自由构思，根据服装款式及所要表达的艺术效果灵活选择纹样并进行布局，将绘画艺术与图案完美融合于服装设计之中。因此，手工绘染制品能够直观展现创作者的构思创意及个人艺术水平。

4. 刺绣技艺

刺绣在我国古代发展了近千年，至明清时期达到鼎盛。当时出现了多种丝线材料，推动了刺绣技艺的发展。我国刺绣工艺历史悠久，图案丰富多样。在现代时装中，我们常能见到各种刺绣工艺，如彩绣、珠绣、贴布绣、盘绣等。

在现代设计中，我们可以对以上传统工艺技法进行挖掘和整理，结合现代科技手段进行创新和提升。例如，将传统的手工刺绣、染织等工艺与现代机械化生产技术相结合，提高生产效率的同时保持传统工艺的独特魅力和品质。同时，我们还可以通过举办工艺技法培训班、工作坊等活动，培养更多掌握传统工艺技法的人才，为传统服饰文化的传承和发展提供人才保障。

（五）文化内涵

我国的传统文化元素是多种多样且丰富多彩的，每一种元素的背后都有其独特的寓意与内涵。吉祥文化有着非常丰富且广泛的题材与形式，在世界的艺术殿堂中傲然而立，其独特的魅力是无法被代替的。对于我国传统服装文化的精髓，要努力继承与发扬，借鉴其优雅的外在形象设计，发扬其丰富的文化意境，传承其洒脱的神韵，在现代的服装设计中充分运用传统文化元素，延伸其文化内涵，使精神文明变得更加完美。通过国际现代化的设计语言，运用精神文化元素慢慢融汇成新颖且富有内涵的艺术主流。

（六）审美意蕴

审美意蕴是传统服饰艺术魅力的核心体现，它追求的是一种超越物质层面的精神享受与情感共鸣。在现代设计中，我们应做好对传统服饰审美意蕴的当代演绎。中国传统服饰以中庸、闲适为美，强调传神而非写实，追求清新脱俗、自然古朴的意境美。这种审美理念在现代设计中依然具有强大的生命力。我们可以借鉴传统服饰的剪裁方式、线条运用、色彩搭配等手法，结合现代审美趋势和穿着习惯，创造出既具有传统韵味又不失现代感的服装作品。例如，可以将中式传统女装的包裹性设计与现代立体剪裁技术相结合，打造出既神秘又时尚的现代女装。将中式传统男装的工整与修长特点融入现代男装设计中，展现出独特的东方美感。

二、服饰文化符号的创意融合与再创造

服饰文化符号的创意融合与再创造是创新设计的核心环节，它不仅要求设计师深入挖掘传统服饰文化的精髓，还要将其与现代设计理念、生活方式和审美趋势相结合，创造出既具有文化底蕴又符合当代需求的服饰作品。

（一）跨文化元素的融合

在全球化的背景下，不同地域和民族的服饰文化相互交流与碰撞，为创意融合提供了广阔的空间。设计师可以将中国传统服饰文化符号与其他国家或地区的民族服饰元素相结合，创造出独特的视觉效果和文化内涵。例如，将中国传统的刺绣工艺与西方的立体裁剪技术相结合，使传统刺绣图案在现代服装的立体造型中展现出新的生命力。

（二）现代科技与传统工艺的结合

随着科技的飞速发展，现代科技为传统服饰文化符号的再创造提供了新的可能性。例如，3D打印技术可以将复杂的传统纹样以立体的形式呈现出来，为服饰增添独特的质感和视觉冲击力；智能纤维和可穿戴技术则可以赋予传统服饰新的功能，如温度调节、健康监测等。

同时，传统工艺技法也可以在现代科技的辅助下得到更好的传承与发展。例如，通过数字化手段记录和还原传统织造工艺，使其能够在更广泛的范围内被学习和应用；利用激光雕刻技术对传统服饰的纹样进行精准雕刻，既保留了手工工艺的细腻感，又提高了生产效率。这种科技与传统的结合，让服饰文化符号在新时代焕发出新的活力。

（三）功能与审美的双重创新

现代生活对服饰的功能性提出了更高的要求，而传统服饰文化符号的再创造也需要在满足功能需求的同时，兼顾审美价值。例如，户外运动服饰可以借鉴传统服饰中的防护理念，如藏族服饰的保暖功能和蒙古族服饰的防风设计，结合现代高性能面料，创造出既实用又具有民族风格的户外装备。

在审美方面，设计师可以通过对传统色彩、纹样的重新组合与搭配，创造出符合现代审美的视觉效果。例如，将传统服饰中的吉祥纹样以简约化、抽象化的方式呈现，使其更适合现代简约风格的服装设计；或者将传统服饰的色彩搭配与现代流行的色彩趋势相结

合，创造出既有文化底蕴又不失时尚感的作品。

（四）主题化与故事性设计

服饰不仅是穿着的物品，更是一种文化的表达。通过主题化和故事性的设计，可以将传统服饰文化符号赋予更深层次的意义。例如，以"丝绸之路"为主题设计一系列服饰，将沿线各国各地区的文化元素融入其中，通过服饰讲述古代贸易与文化交流的故事；或者以中国传统神话故事为蓝本，将神话人物的服饰特征与现代设计相结合，创造出具有奇幻色彩的服装系列。

这种主题化与故事性的设计不仅能够吸引消费者对服饰背后文化的关注，还能激发他们的情感共鸣，使服饰成为文化传播的重要载体。

（五）可持续发展理念的融入

当今社会可持续发展已成为全球关注的焦点。将可持续发展理念融入服饰文化符号的再创造中，不仅是对传统服饰文化的一种保护，也是对现代生活方式的一种回应。例如，采用环保面料和可持续的生产方式，重新诠释传统服饰的造型与工艺；或者通过"旧物改造"的方式，将传统服饰的元素融入二手服装的再设计中，赋予它们新的生命。

这种可持续发展的设计理念不仅体现了对环境的尊重，也展现了传统服饰文化在新时代的价值与意义。

第二节　服饰文化符号在乡村振兴战略中的创新应用

乡村振兴战略作为国家战略的重要组成部分，不仅关乎乡村经济的提升，更涉及文化、社会、生态等多方面的全面振兴。服饰作为文化的重要载体，不仅反映了人们的生活方式、审美观念和社会变迁，更是民族文化传承与创新的重要体现。在乡村振兴战略中，服饰文化符号的创新应用，尤其是民族服饰元素的借鉴与创新、非遗服饰文化的传承与融合创新，对于推动乡村文化发展、提升乡村文化软实力具有重要意义。

一、民族服饰元素的借鉴与创新

民族服饰是民族文化的重要组成部分，它承载着民族的历史记忆、文化特色和审美追求。在乡村振兴战略中，借鉴与创新民族服饰元素，不仅能够丰富乡村文化的内涵，还能促进乡村文化的传承与发展。

（一）民族服饰元素的挖掘与整理

民族服饰元素的挖掘是创新应用的基础。这需要对各民族的传统服饰进行深入的研究，包括服饰的款式、色彩、图案、材质以及制作工艺等方面。通过实地考察、文献查阅、口述历史等多种方式，全面收集民族服饰的相关信息，为后续的创新设计提供丰富的素材。

在挖掘的基础上，还需要对民族服饰元素进行系统整理。包括对服饰元素的分类、归纳和总结，形成一套完整的民族服饰元素库。这样，设计师在进行创新设计时，可以方便地从中选取所需元素进行组合和再创造。

（二）民族服饰元素的现代设计转化

民族服饰元素的现代设计转化是创新应用的关键。这要求设计师在保持民族服饰原有特色的基础上，结合现代审美观念和设计手法，对民族服饰元素进行重新的诠释和表达。

例如，可以将民族服饰中的传统图案进行抽象化处理，使其更加符合现代人的审美需求；或者将民族服饰中的款式结构与现代服装的剪裁技术相结合，创造出既具有民族特色又符合现代穿着习惯的服饰新品。这种现代设计转化不仅能够使民族服饰元素焕发新的生机，还能拓宽民族服饰的市场空间。

（三）民族服饰元素的跨界融合

民族服饰元素的跨界融合是创新应用的新趋势。这指的是将民族服饰元素与其他领域的文化元素或科技元素进行融合，创造出具有独特魅力的新产品或服务。

例如，将民族服饰元素与旅游纪念品设计相结合，开发出具有地方特色的旅游商品。这种跨界融合不仅能够丰富民族服饰的表现形式，还能提升民族服饰的文化价值和商业价值。

（四）民族服饰元素的产业化发展

民族服饰元素的产业化发展是创新应用的重要方向。这要求将民族服饰元素的设计、生产、销售等环节进行有机整合，形成一条完整的产业链。

政府要鼓励和支持民族服饰元素的产业化发展；企业积极投入研发和生产，推出更多具有市场竞争力的民族服饰产品。通过电商平台、实体店等多种渠道进行销售，拓宽民族服饰的市场渠道。这种产业化发展不仅能够促进民族服饰元素的广泛传播和应用，还能带动乡村经济的持续发展。

二、非遗服饰文化的传承与融合创新

非遗服饰文化作为非物质文化遗产的重要组成部分，承载着丰富的历史信息和独特的文化价值。在乡村振兴战略中，传承与融合创新非遗服饰文化，对于保护乡村文化遗产、提升乡村文化品位具有重要意义。

（一）非遗服饰文化的保护与传承

非遗服饰文化的保护是传承与融合创新的前提。这需要对非遗服饰文化进行全面的调查和记录，包括服饰的制作工艺、传承历史、文化内涵等方面。通过文字、图片、视频等多种形式，将非遗服饰文化的相关信息进行系统地记录、整理和保存。

在保护的基础上，还需要加强非遗服饰文化的传承工作。这可以通过师徒传承、学校教育、社区活动等多种方式进行。例如，可以邀请非遗服饰文化的传承人走进校园，为学生们讲解和演示服饰的制作工艺；或者组织社区活动，让更多的人了解和参与到非遗服饰文化的传承中来。

（二）非遗服饰文化的创新设计

非遗服饰文化的创新设计是传承与融合创新的核心。这要求设计师在尊重非遗服饰文化原有特色的基础上，结合现代设计理念和市场需求，对非遗服饰文化进行创新的设计和开发。

例如，可以将非遗服饰中的传统工艺与现代材料相结合，创造出既具有传统韵味又符合现代审美需求的服饰新品；或者将非遗服饰中的文化元素与现代服饰的款式结构相融合，打造出具有独特风格的服饰系列。这种创新设计不仅能够使非遗服饰文化焕发新的活力，还能提升非遗服饰文化产品的市场竞争力。

（三）非遗服饰文化的产业化运营

非遗服饰文化的产业化运营是传承与融合创新的重要途径。这要求将非遗服饰文化的设计、生产、销售等环节进行有机地整合，形成一条完整的产业链。

政府可以加大对非遗服饰文化产业化运营的支持力度，提供政策扶持和资金帮助；企业可以积极参与非遗服饰文化的产业化运营，推出更多具有市场竞争力的非遗服饰产品；同时，还可以通过电商平台、实体店等多种渠道进行销售，拓宽非遗服饰的市场空间。这种产业化运营不仅能够促进非遗服饰文化的广泛传播和应用，还能带动乡村经济的多元化发展。

（四）非遗服饰文化的国际交流与合作

非遗服饰文化的国际交流与合作是传承与融合创新的新领域。这要求加强与国际的联系和沟通，积极参与国际非遗服饰文化的交流与合作活动。

可以通过举办国际非遗服饰文化展览、国际非遗服饰文化节等活动，展示中国非遗服饰文化的独特魅力；或者与国际非遗服饰文化的传承人和设计师进行合作与交流，共同探讨非遗服饰文化的传承与创新问题。这种国际交流与合作不仅能够提升中国非遗服饰文化的国际影响力，还能促进世界非遗服饰文化的繁荣发展。

在乡村振兴战略中，服饰文化符号的创新应用是一个系统工程，需要政府、企业、社会等多方面的共同努力。政府应加强对服饰文化符号保护与传承的政策引导和支持；企业应积极参与服饰文化符号的创新设计与产业化运营；社会应加强对服饰文化符号的宣传与推广，提高公众对服饰文化符号的认知度和认同感。充分发挥服饰文化符号在乡村振兴战略中的重要作用，推动乡村文化的繁荣发展。

综上所述，在民族服饰元素的借鉴与创新方面，应注重挖掘和整理各民族的传统服饰元素，结合现代设计手法和审美观念进行创新设计，同时加强跨界融合和产业化发展，拓宽民族服饰的市场应用空间。在非遗服饰文化的传承与融合创新方面，应加强对非遗服饰文化的保护与传承工作，结合现代设计理念和市场需求进行创新设计，同时加强产业化运营和国际交流与合作，提升非遗服饰文化的市场竞争力和国际影响力。

参考文献

[1] 刘瑜.中国旗袍文化史：从地域服饰到全球文化符号[M].上海：上海人民美术出版社，2021.

[2] 邓启耀.民族服饰：一种文化符号[M].昆明：云南人民出版社，2011.

[3] 孙机.华夏衣冠：中国古代服饰文化[M].上海：上海古籍出版社，2016.

[4] 王春法.中国古代服饰文化[M].北京：北京时代华文书局，2021.

[5] 兰宇.唐代服饰文化研究[M].西安：陕西人民美术出版社，2017.

[6] 于芹.衣冠大成：山东博物馆"明代服饰文化展"策展笔记[M].杭州：浙江大学出版社，2023.

[7] 张媛媛，成国良，孙振可.中国传统服饰文化与装饰工艺品研究[M].北京：中国纺织出版社，2018.

[8] 杨源.中国少数民族服饰文化与传统技艺概论[M].北京：中国纺织出版社，2019.

[9] 韩英杰.服装美学与服饰文化内涵研究[M].北京：中国纺织出版社，2022.

[10] 顾小思，杜田.华夏衣橱：图解中国传统服饰[M].北京：电子工业出版社，2023.

[11] 红糖美学.华夏汉服[M].北京：人民邮电出版社，2024.

[12] 黄清穗，纹藏.中华霓裳[M].北京：中信出版集团，2025.

[13] 曾凡清.基于中国传统服饰的非遗文化传承与保护[J].印染，2022（2）：90–91.

[14] 徐倩倩.中国传统服饰文化在现代服饰设计中的运用与创新思考[J].西部皮革，2020（17）：94–95.

[15] 赖晨英，范思婕.浅析传统纹样在服装设计上的应用[J].化纤与纺织技术，2018（1）.

[16] 王芙蓉.中国传统礼仪服饰与礼仪服饰制度[J].服饰导刊，2018（1）.

[17] 何蓓璐.关于中国传统服饰文化和现代服装设计有效结合的探析[J].大众文艺，2018（5）：57–58.